AF452582

ÉLÉMENTS

DE

GÉOMÉTRIE DESCRIPTIVE

IMPRIMERIE DE J. CLAYE ET Cᵉ, RUE SAINT-BENOÎT, 7.

ÉLÉMENTS

DE

GÉOMÉTRIE

DESCRIPTIVE

A L'USAGE

DES ASPIRANTS AUX ÉCOLES DU GOUVERNEMENT

PAR

MM. GERONO ET CASSANAC

PROFESSEURS

(PLANCHES)

PARIS

DEZOBRY ET E. MAGDELEINE, LIBRAIRES-ÉDITEURS

RUE DES MAÇONS-SORBONNE, 1

1850

Fig. 1.
2.
3.
4.
5.
6.
8.
9.
10.
11.
12.
13.
14.
15.
16.
17.
18.

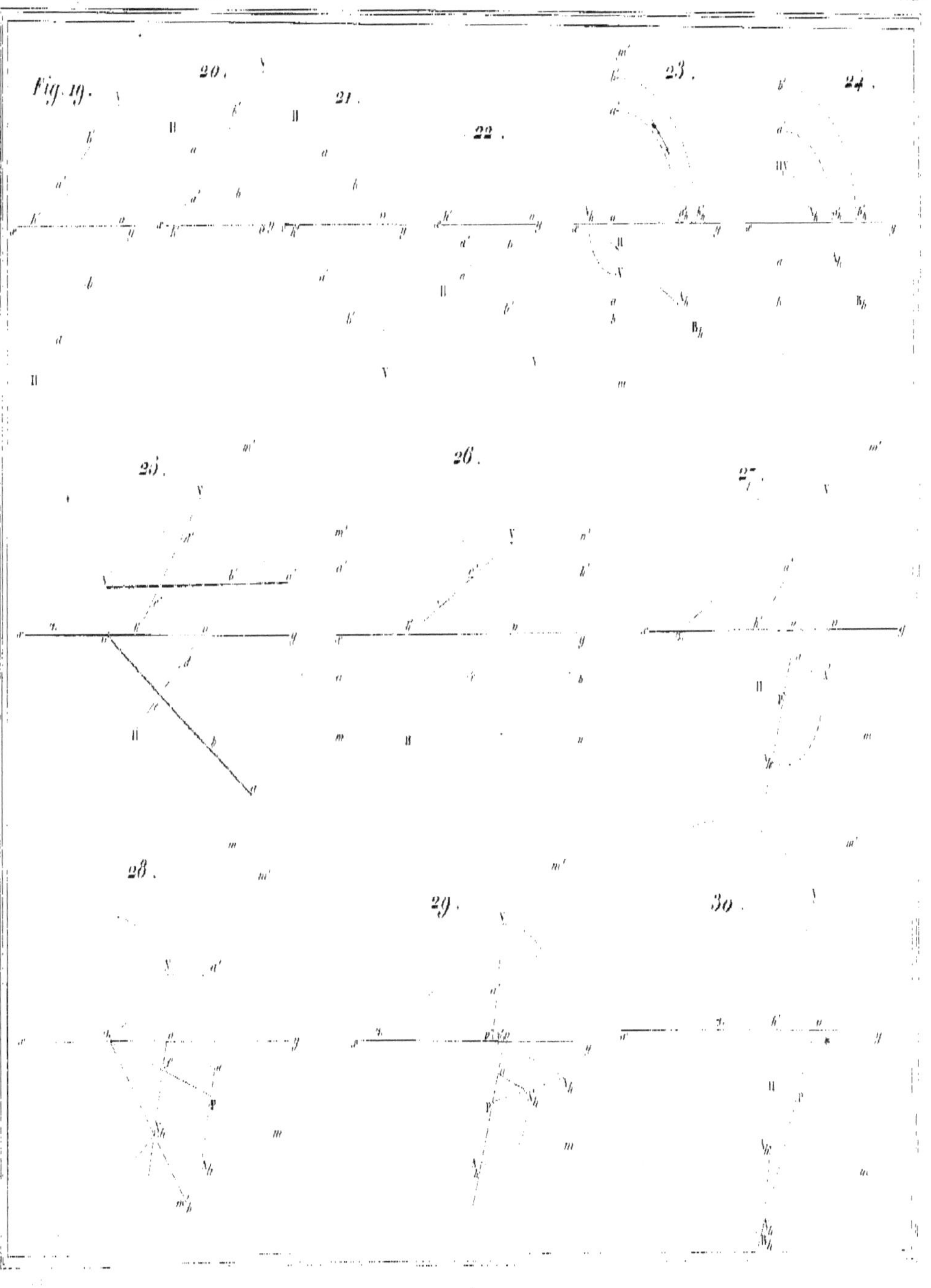
Fig. 19.
20.
21.
22.
23.
24.
25.
26.
27.
28.
29.
30.

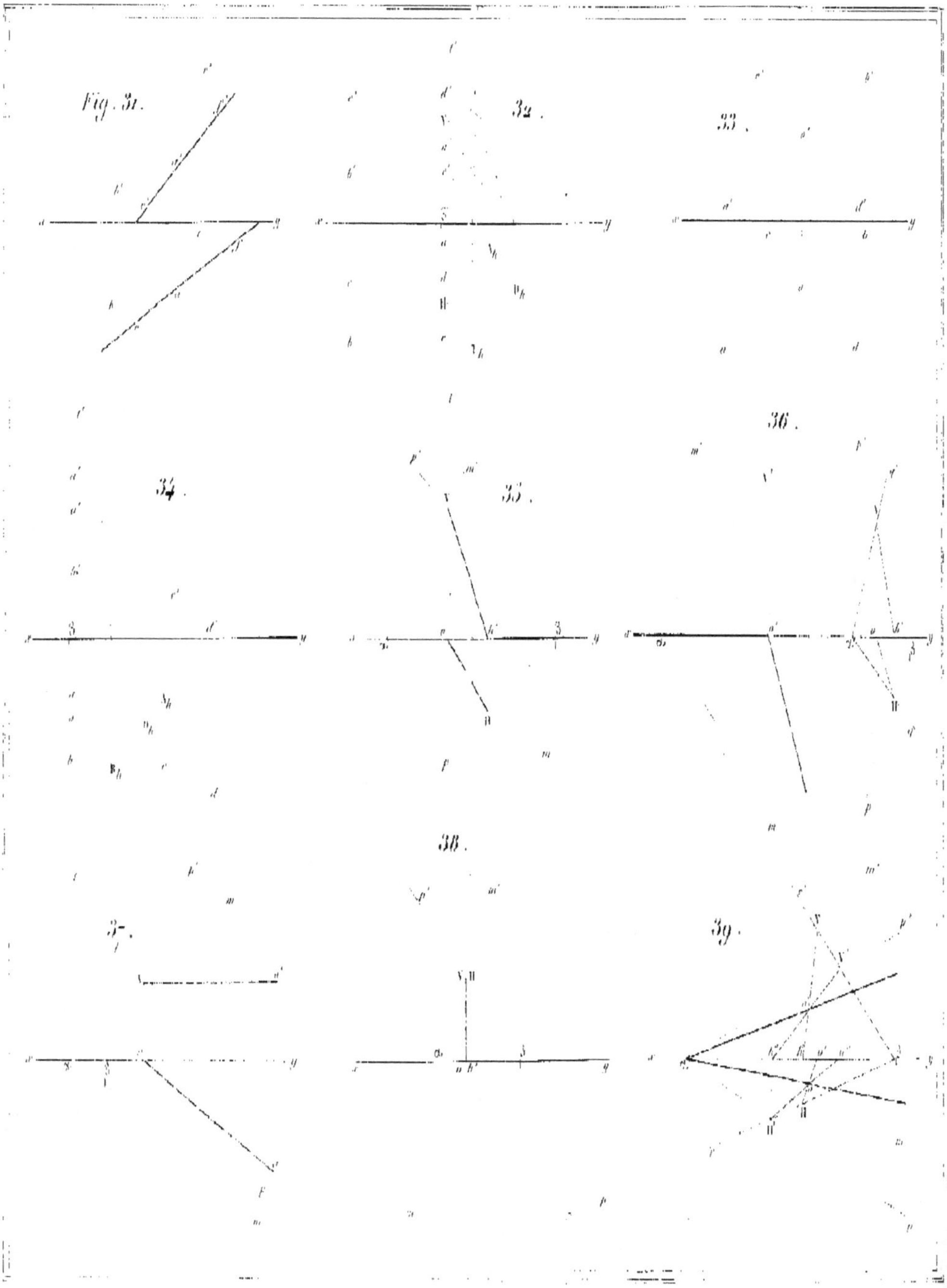

Fig. 31.

32.

33.

34.

35.

36.

37.

38.

39.

Fig. 40.

41.

42.

43.

44.

45.

46.

47.

48.

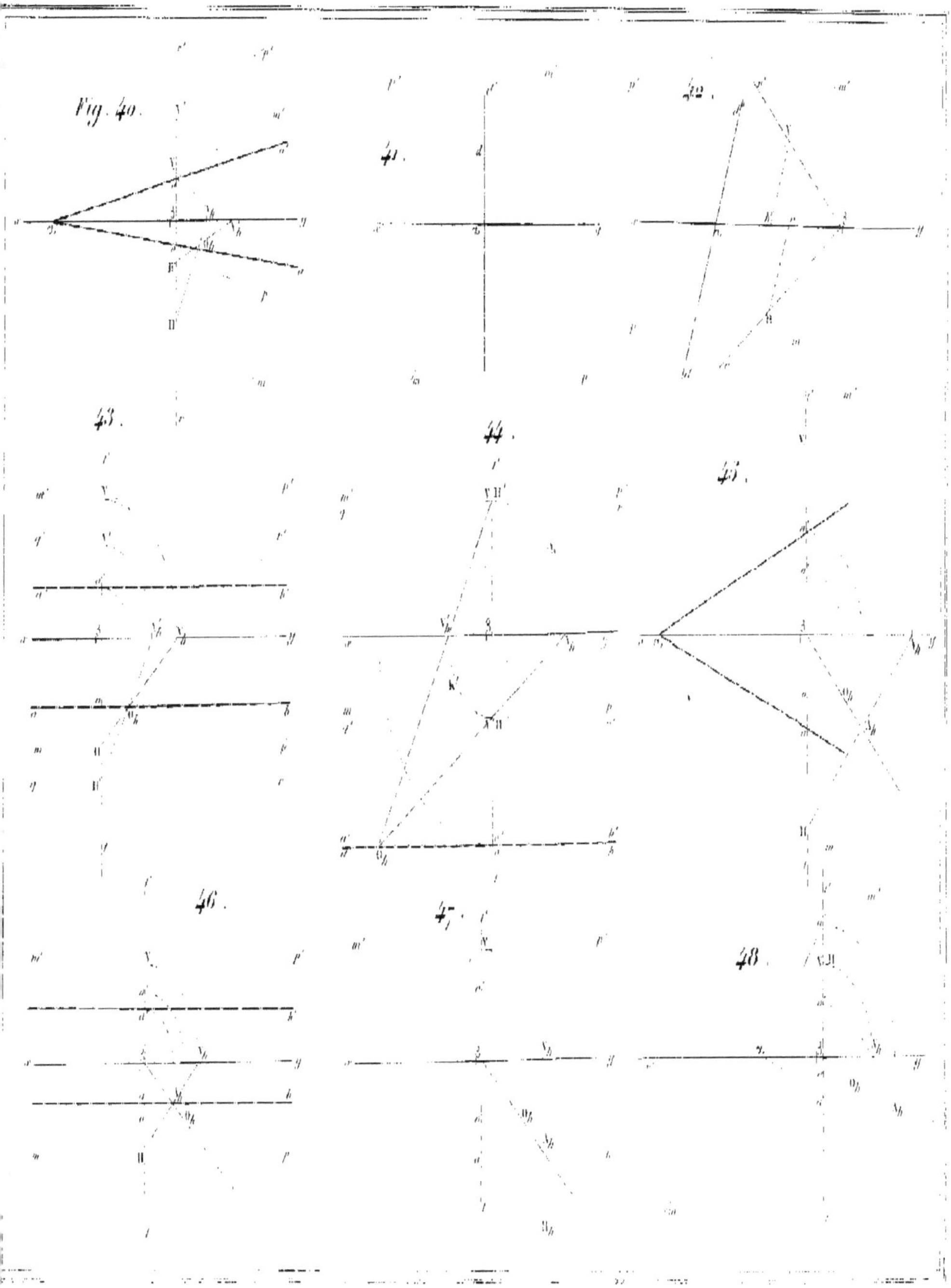

Fig. 49.   50. 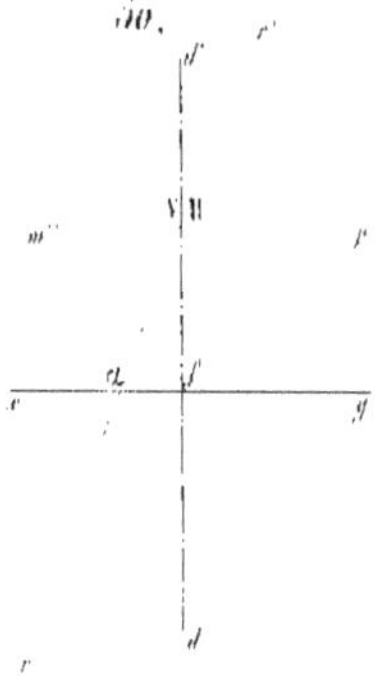   51. 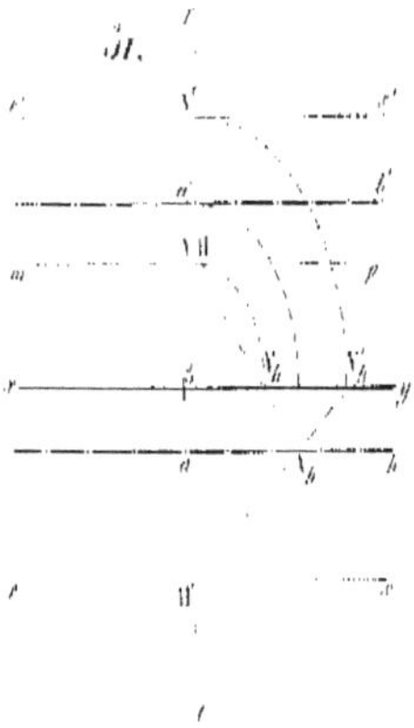   52.

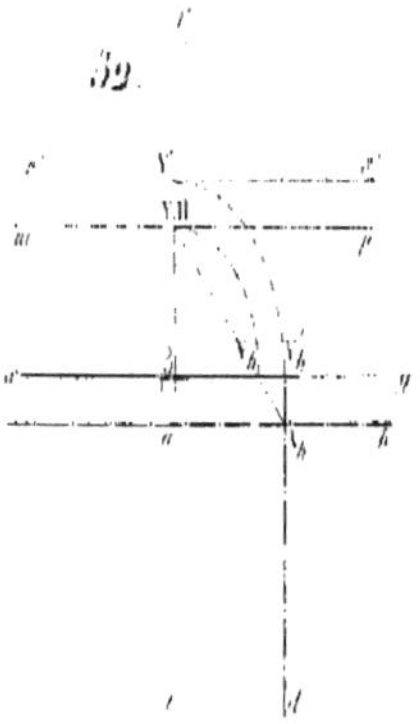

53. 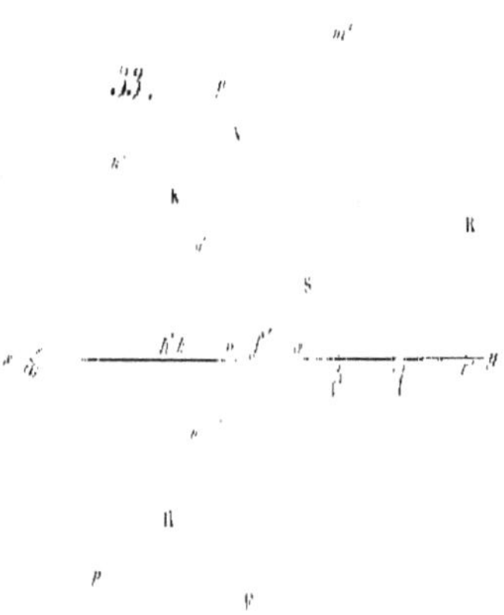   54. 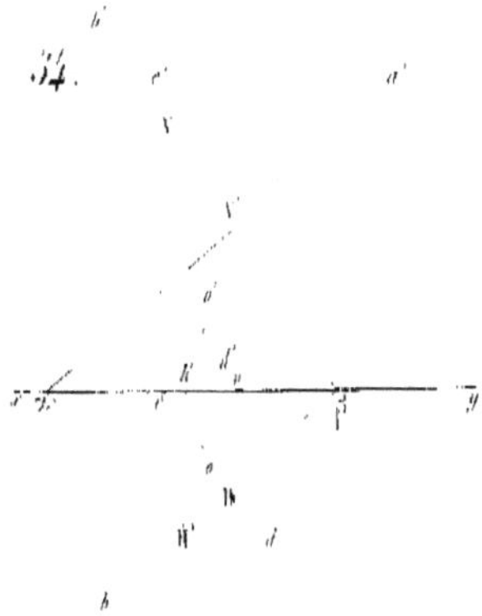   55.

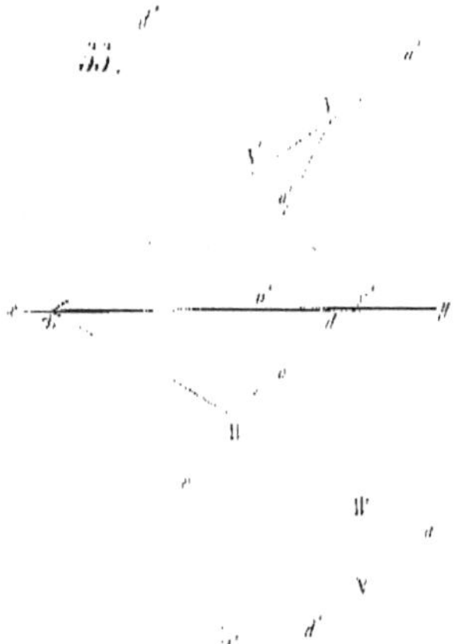

56. 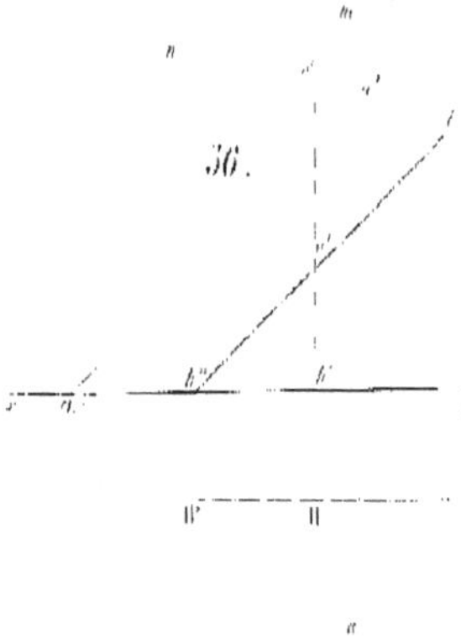   57. 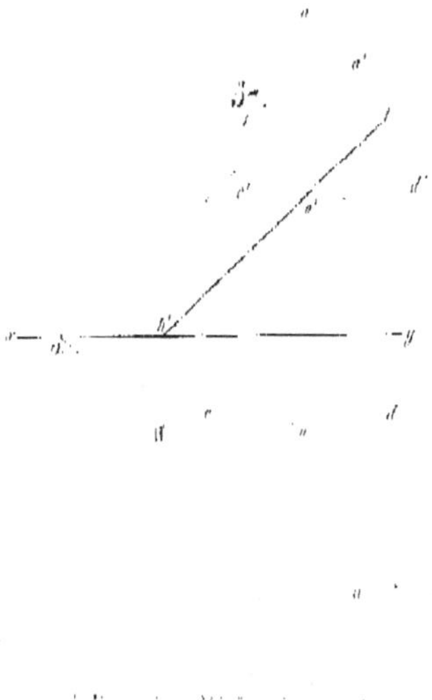   58.

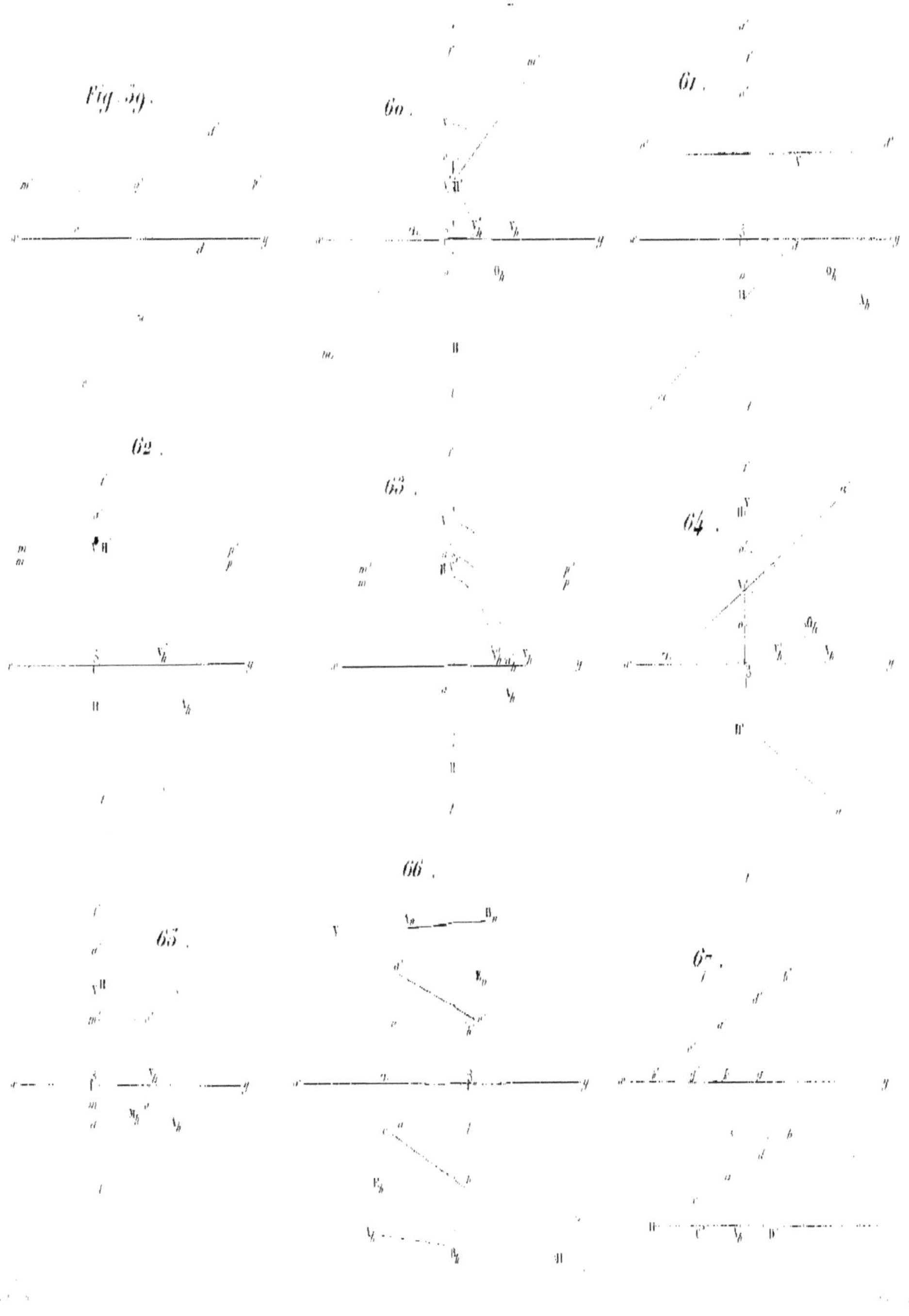

Fig. 59.
60.
61.
62.
63.
64.
65.
66.
67.

Fig. 68.

69.

70.

71.

72.

73.

74.

75.

76.

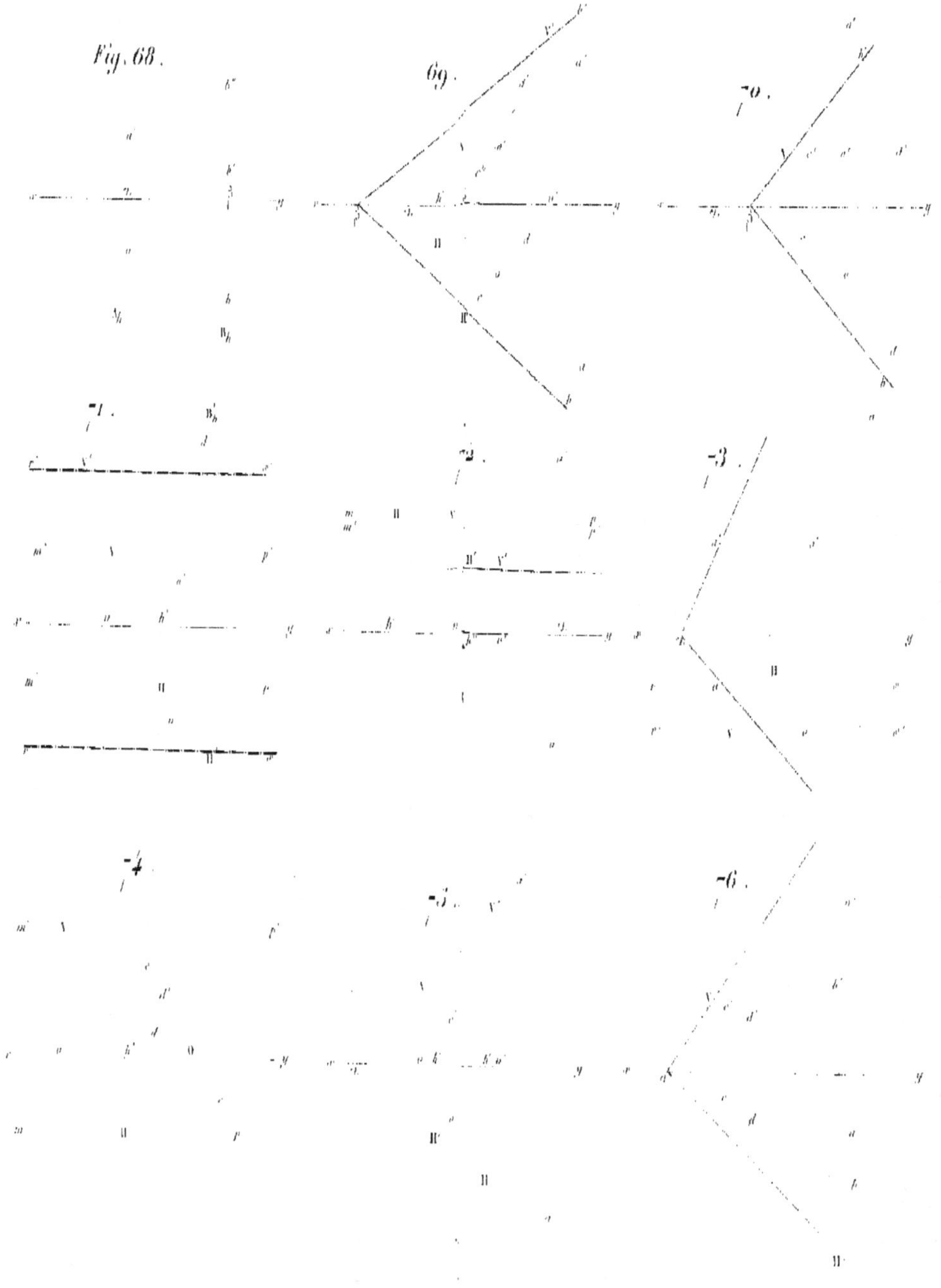

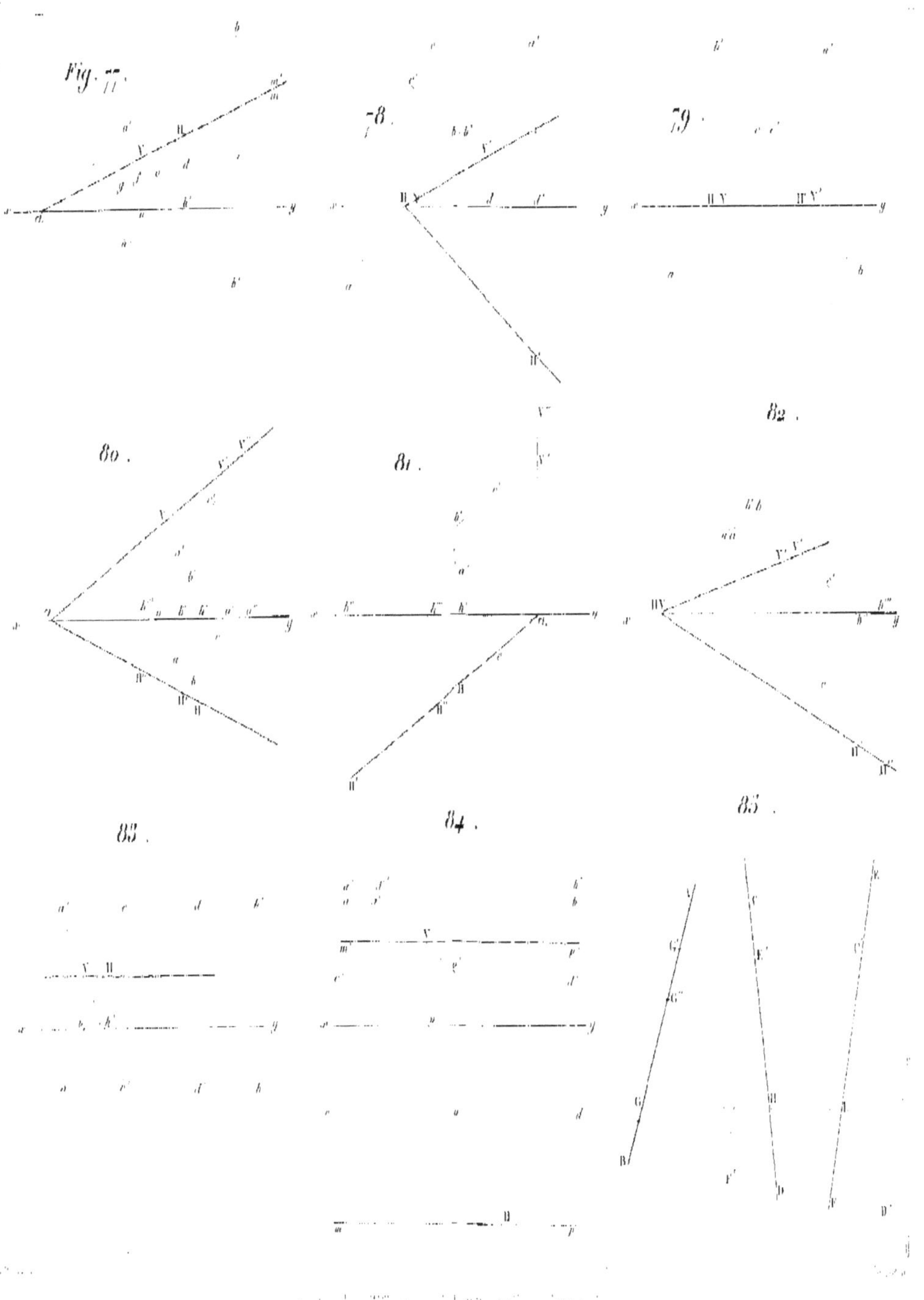
Fig. 77.
78.
79.
80.
81.
82.
83.
84.
85.

Fig. 86.

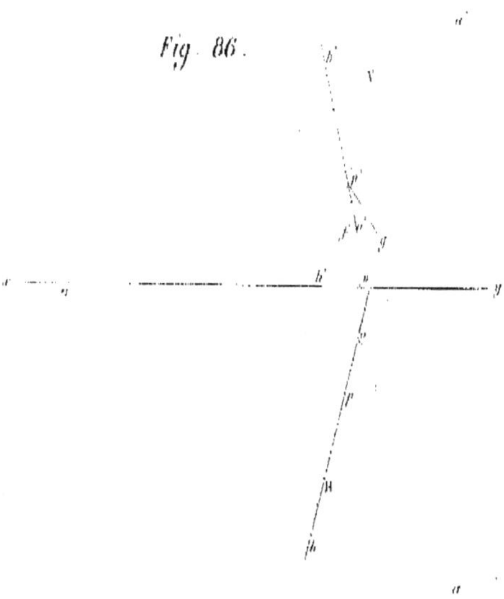

87.

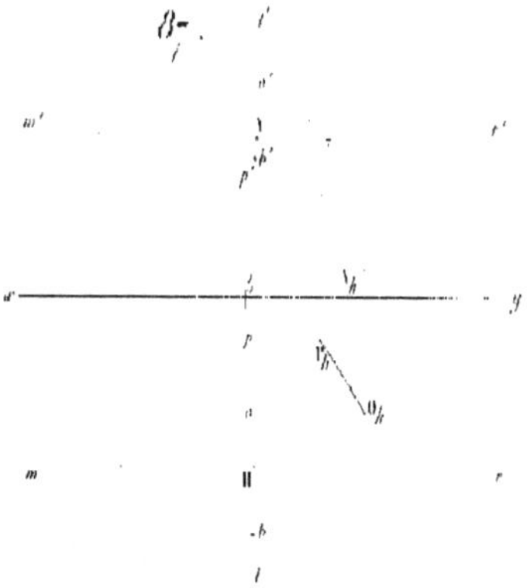

88.

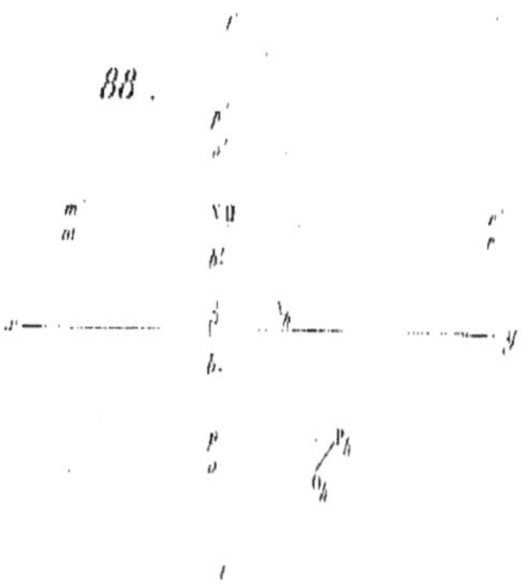

89.

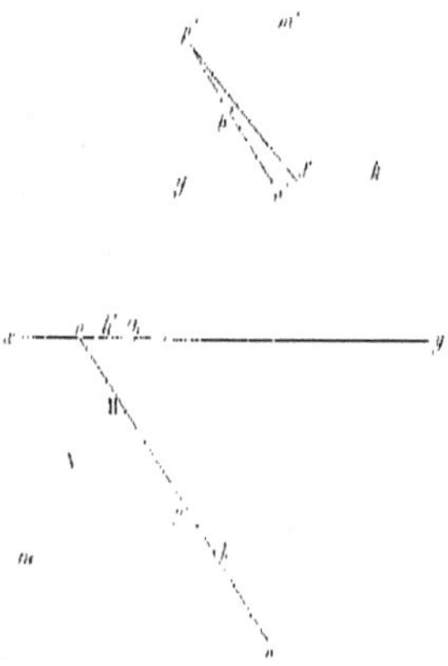

90.

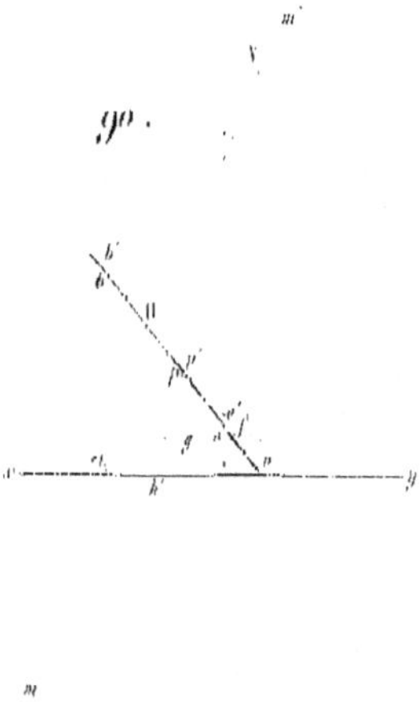

91.

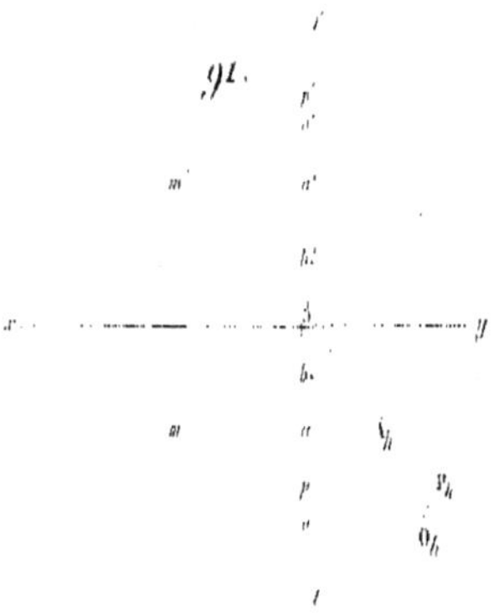

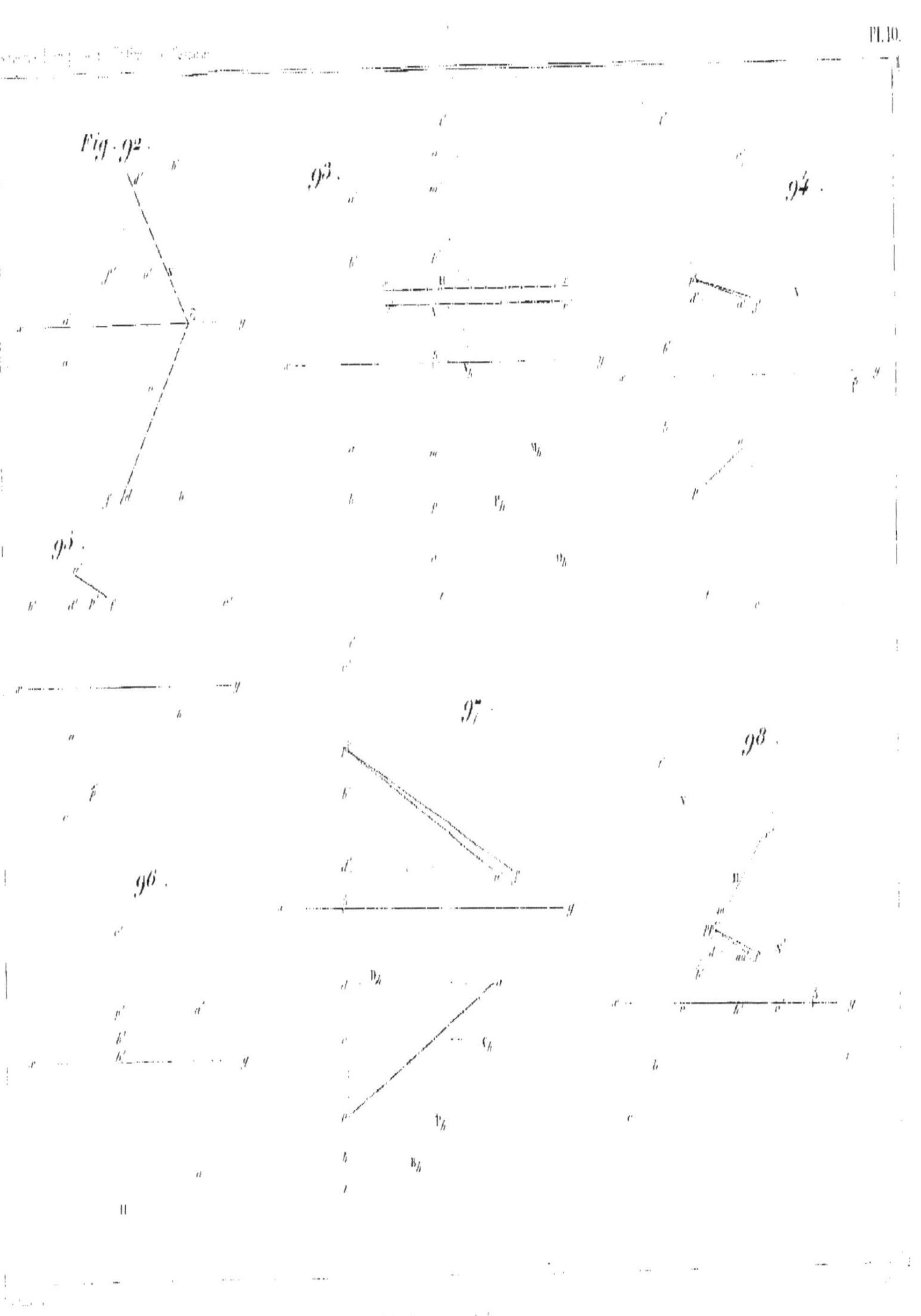
Fig. 92.
93.
94.
95.
96.
97.
98.

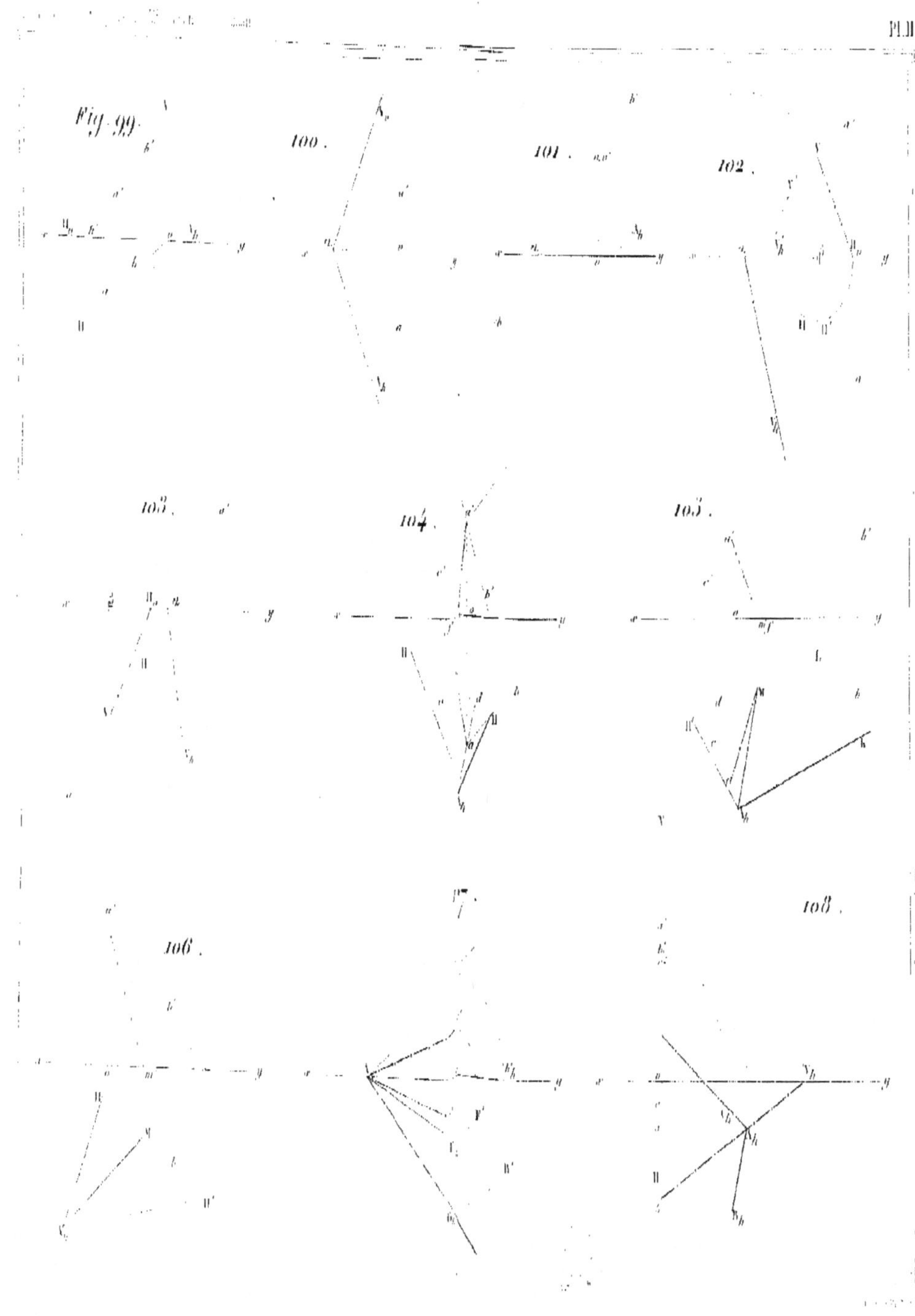

Fig. 99.
100.
101.
102.
103.
104.
105.
106.
107.
108.

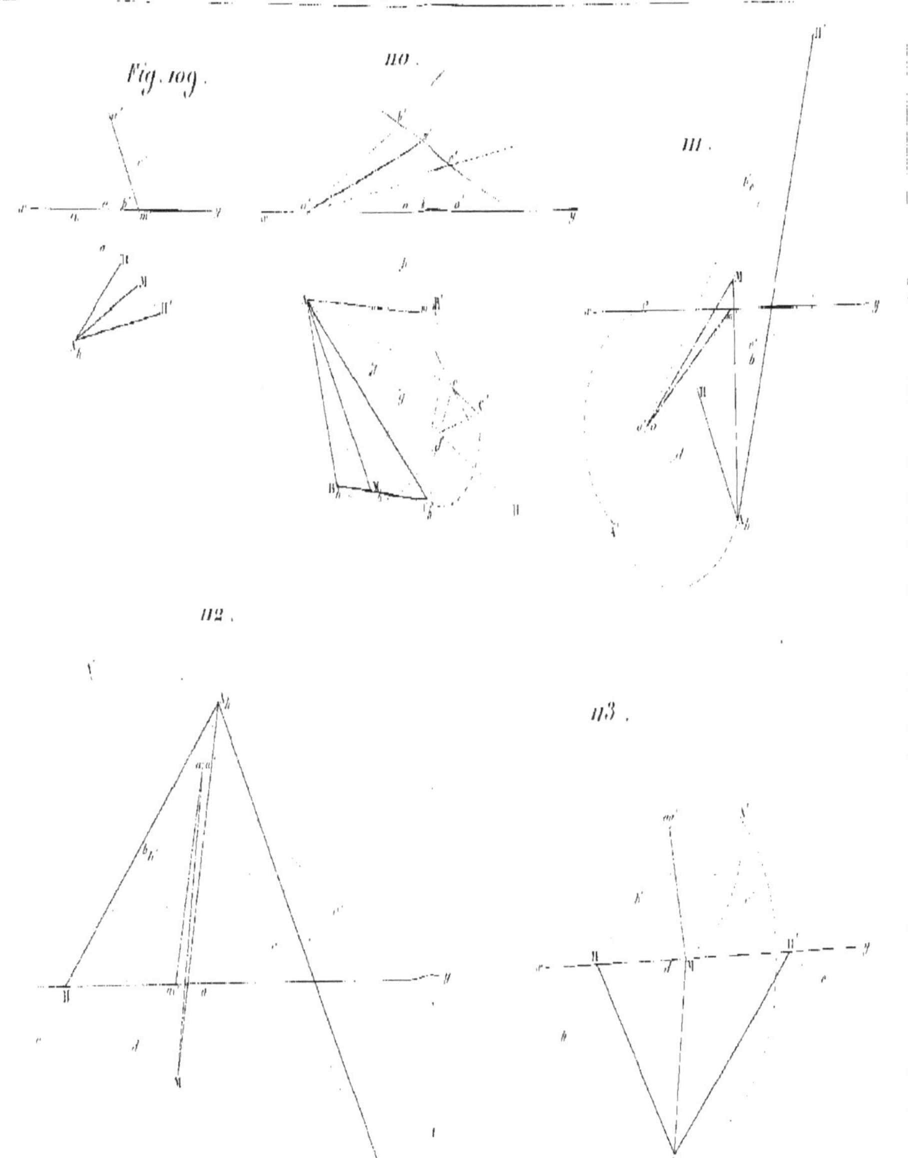
Fig. 109.
110.
111.
112.
113.

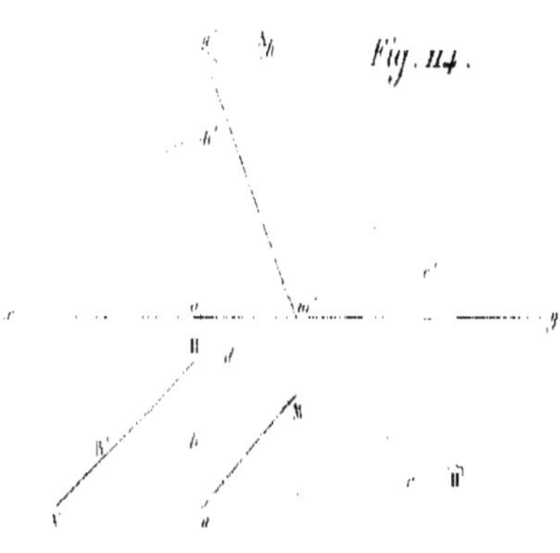

Fig. 114.

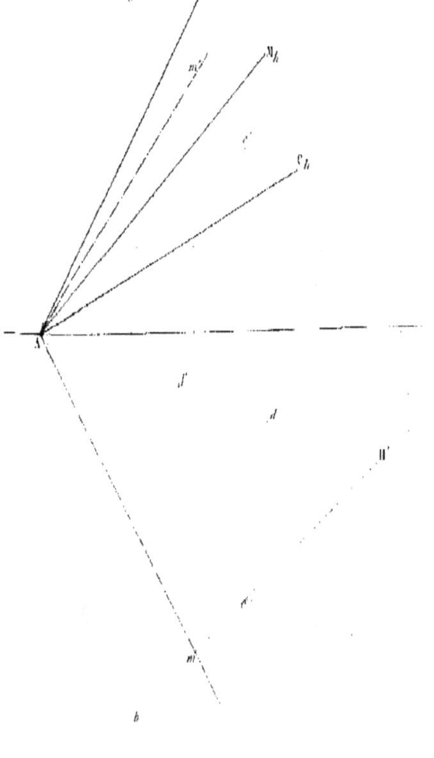

115.

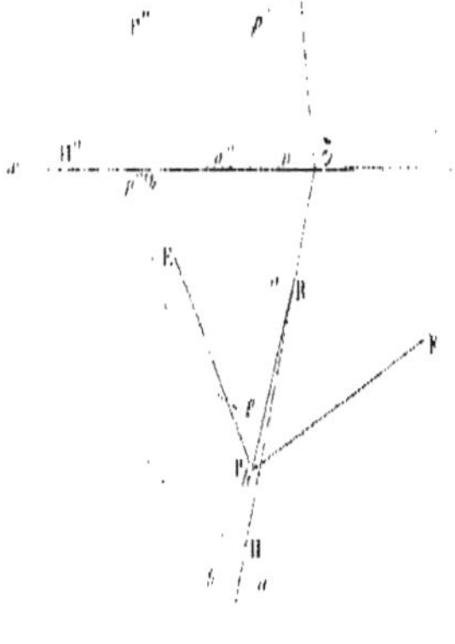

116.

Fig. 117.

118.

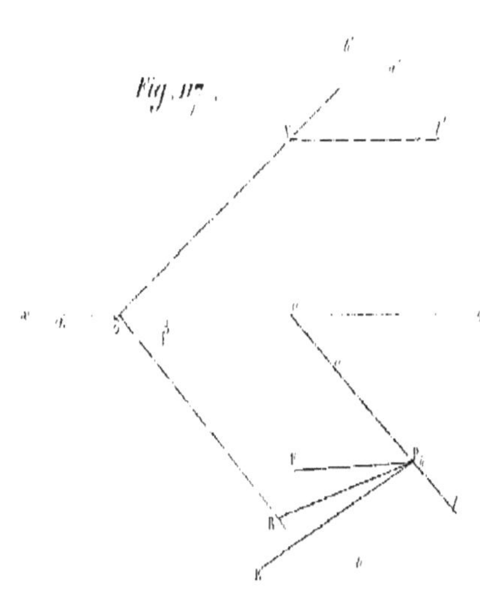

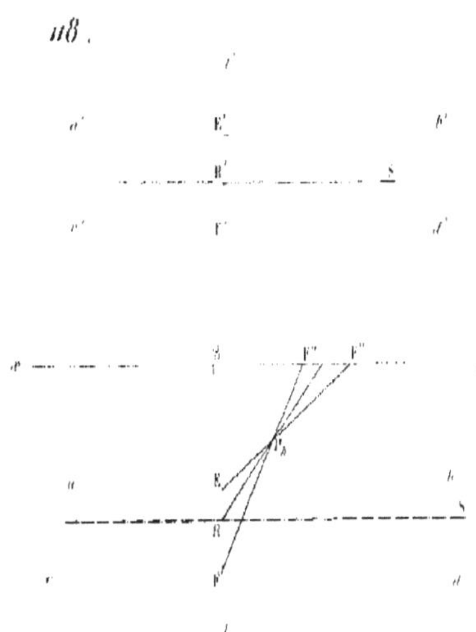

119.

120.

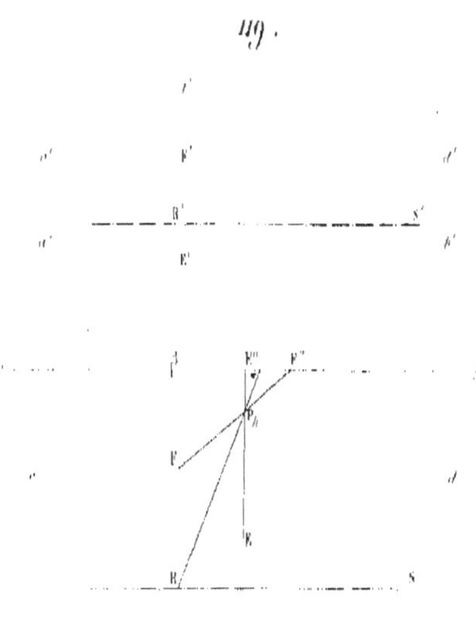

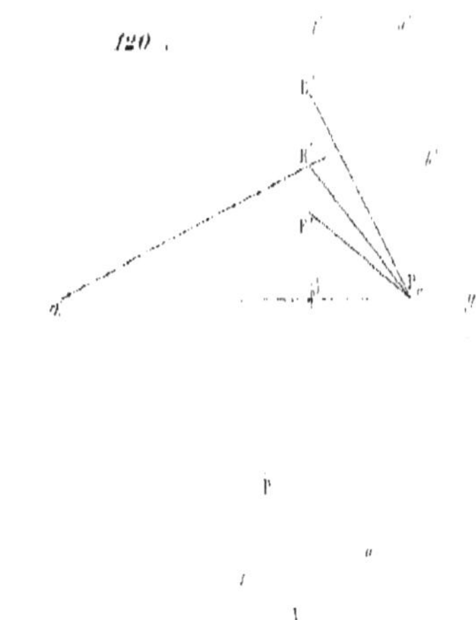

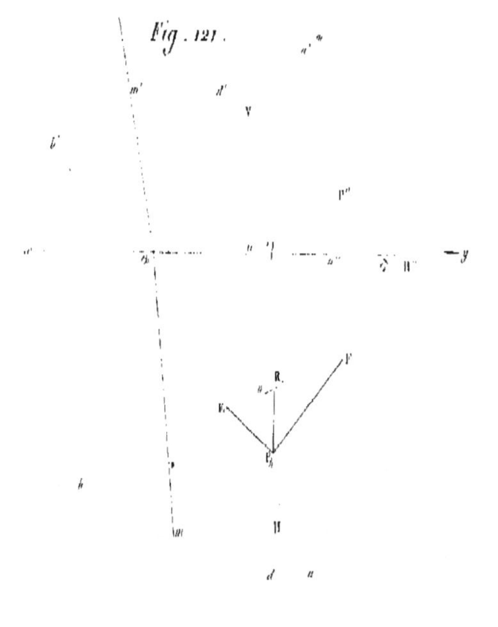
Fig. 121.

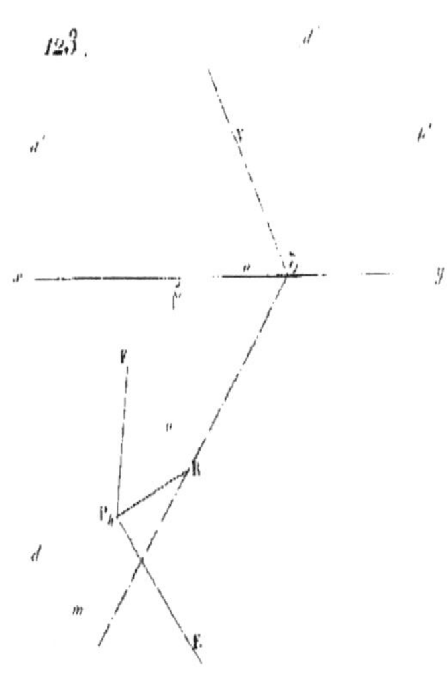
123.

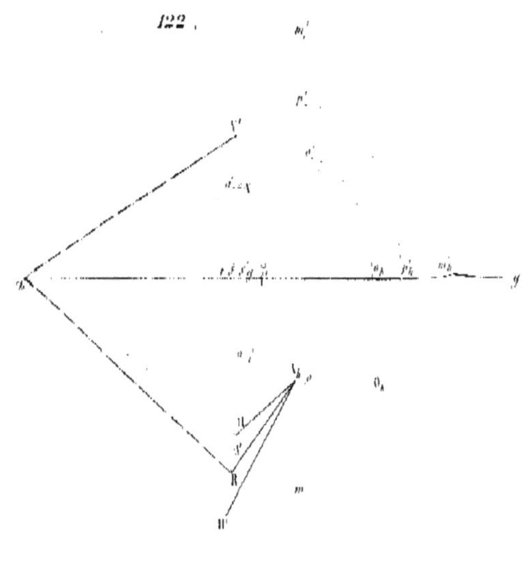
122.

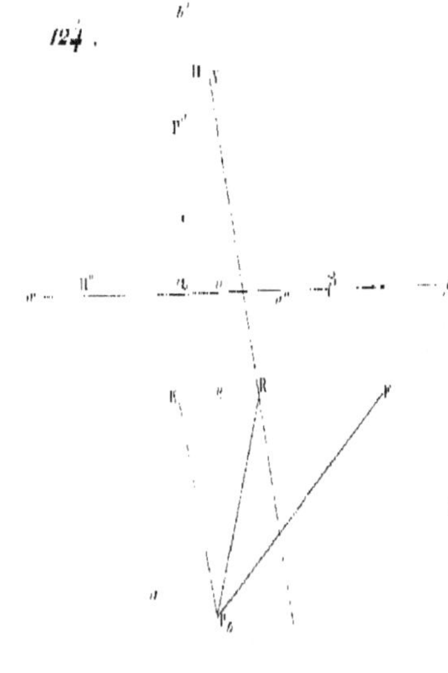
124.

Fig. 125.

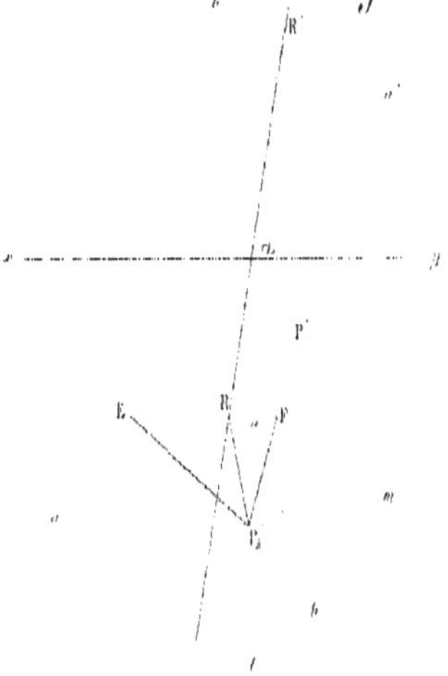

126.

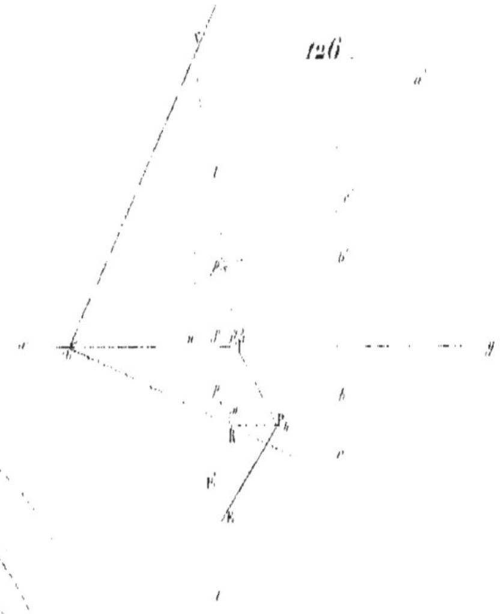

127.

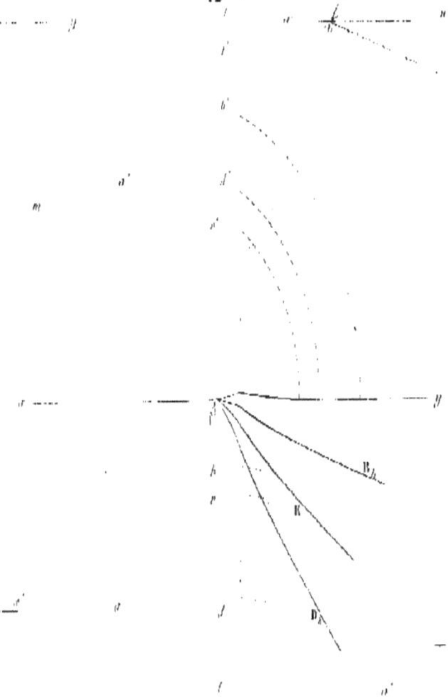

128.

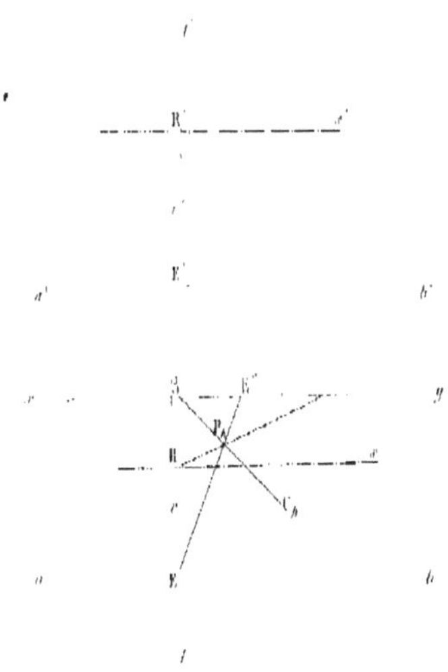

129.

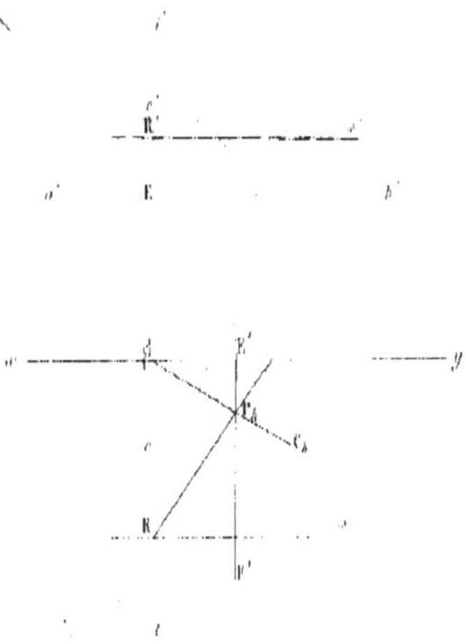

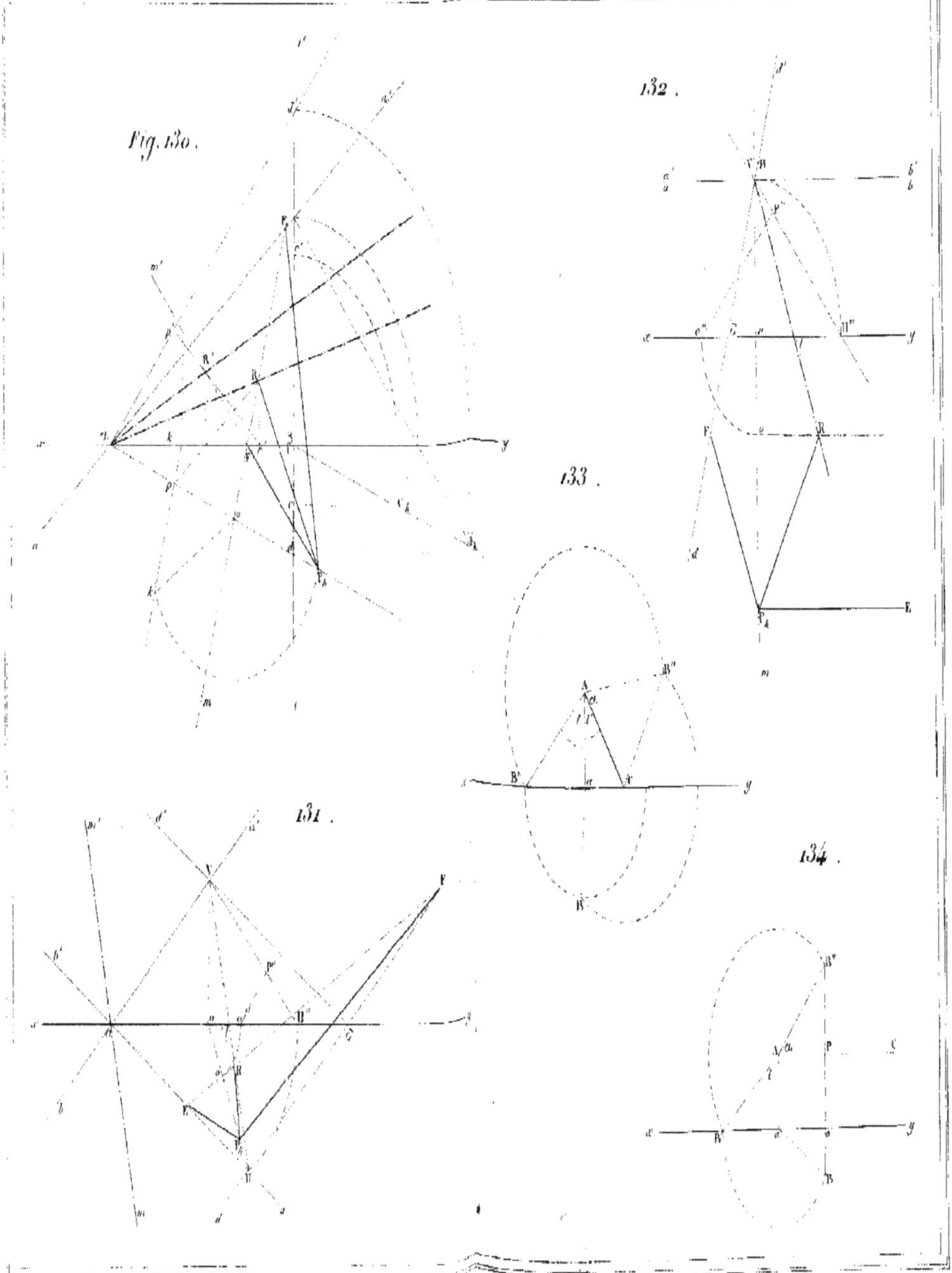

Fig. 130.

132.

133.

131.

134.

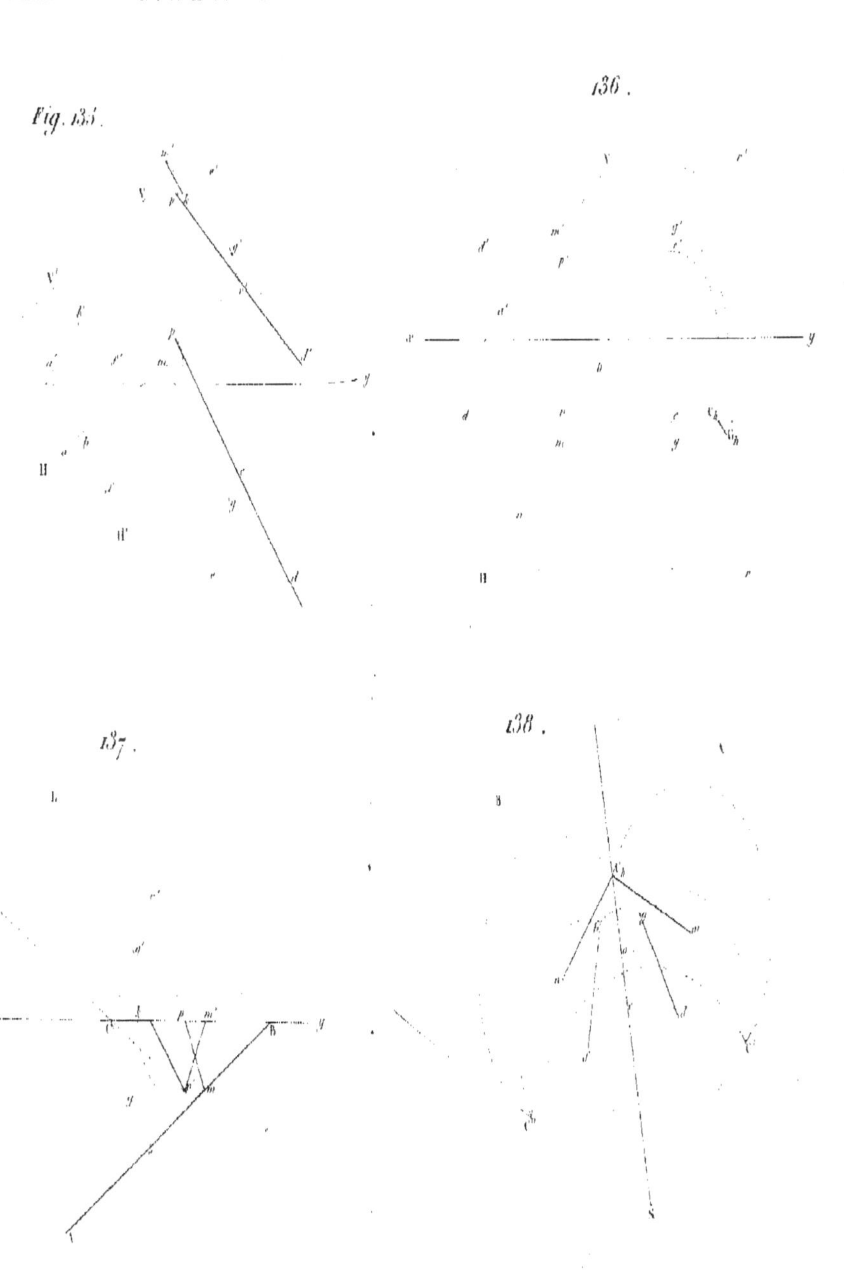
136.
Fig. 135.
13 7/8.
138.

Fig. 139.

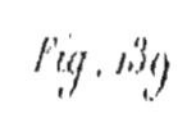

140.

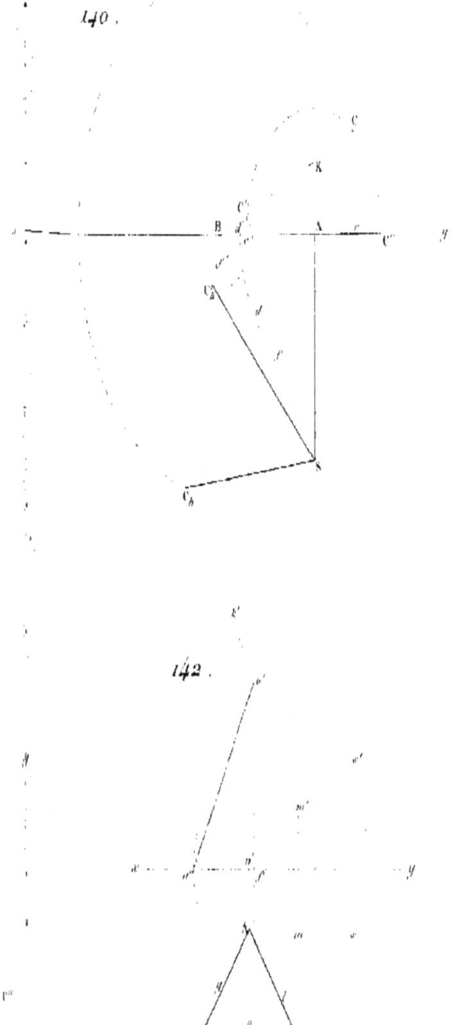

141.

142.

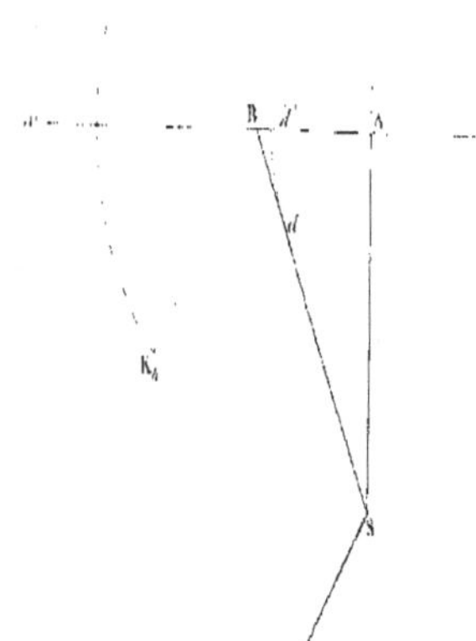

Fig. 143.

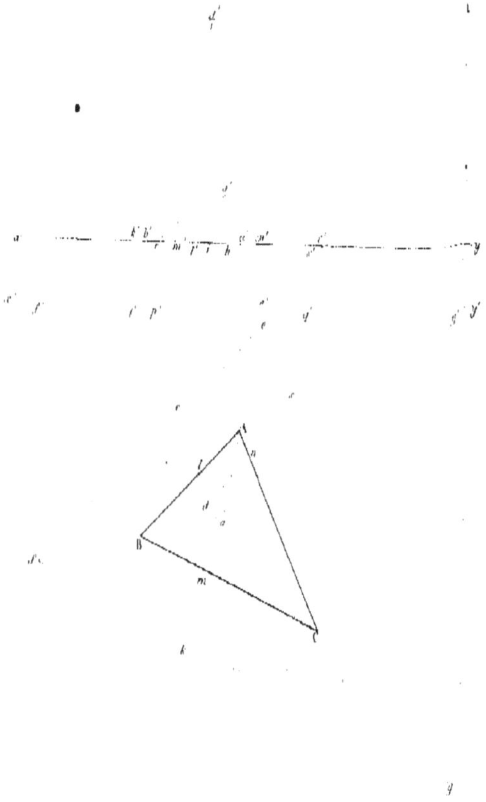

144.

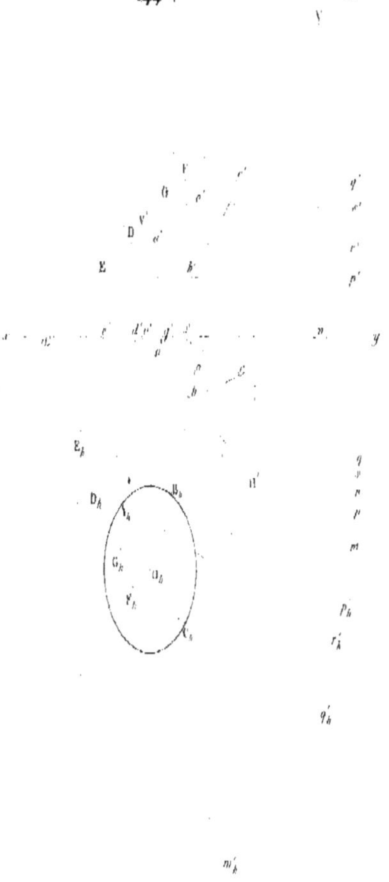

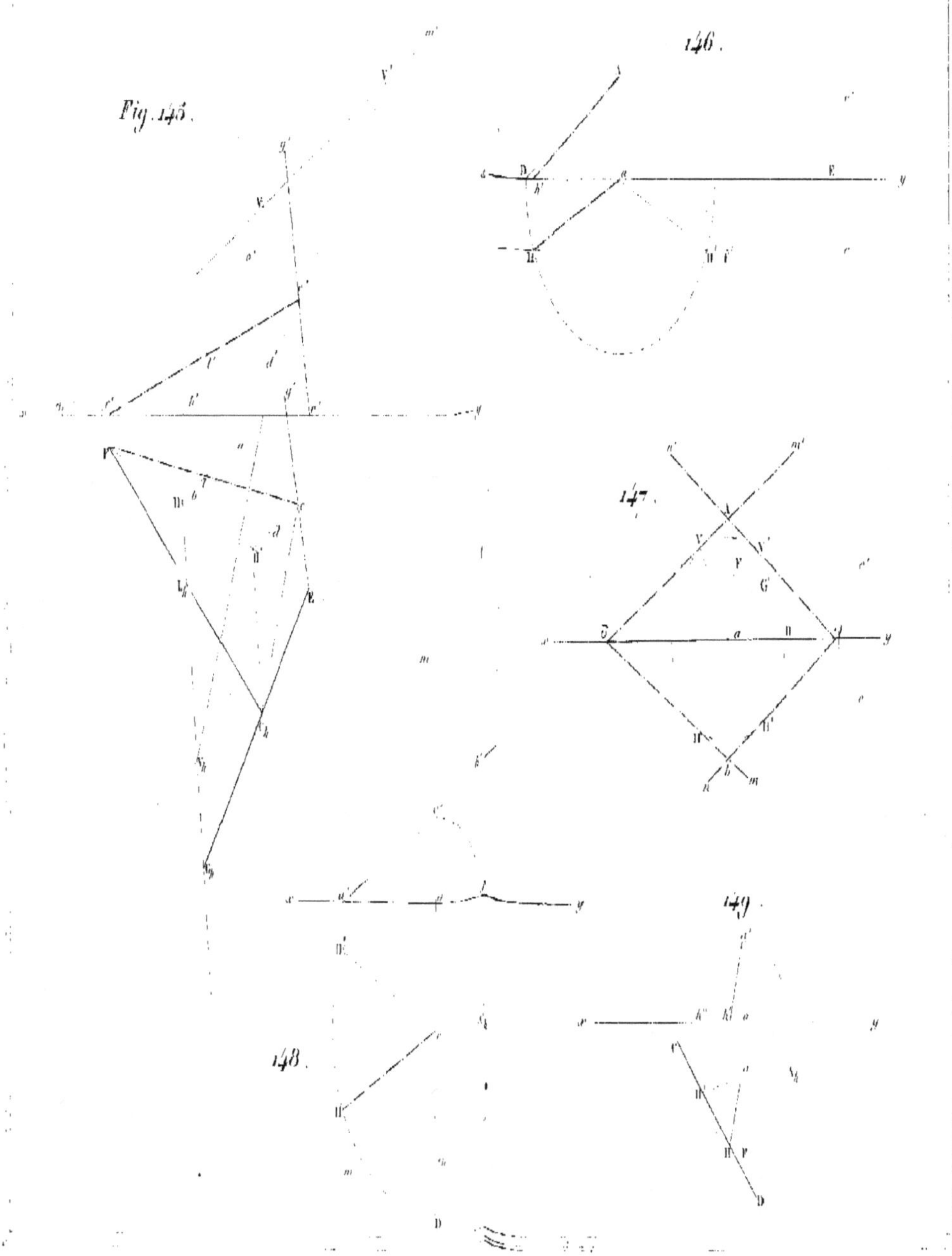

146.

Fig. 145.

147.

148.

149.

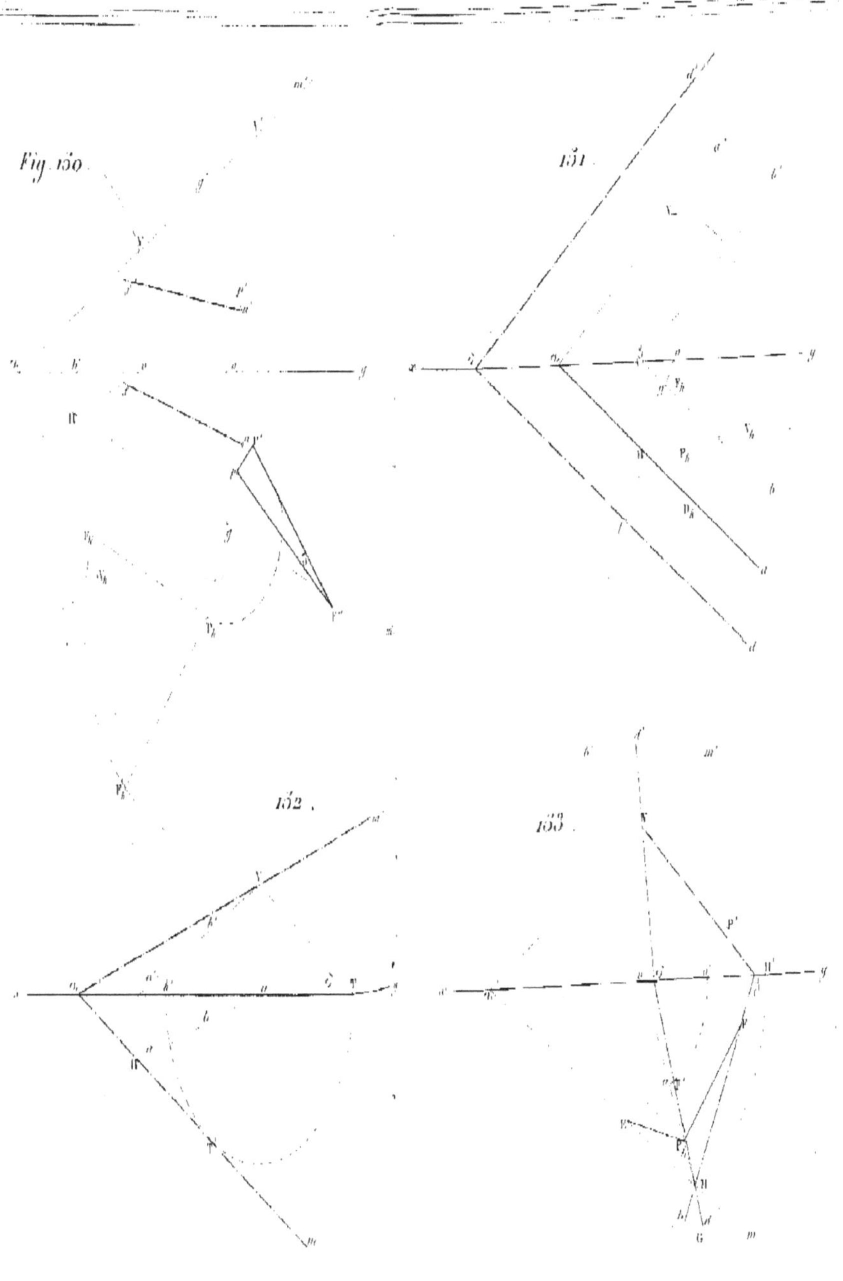

Fig. 150
151
152
153

Fig. 134.

135.

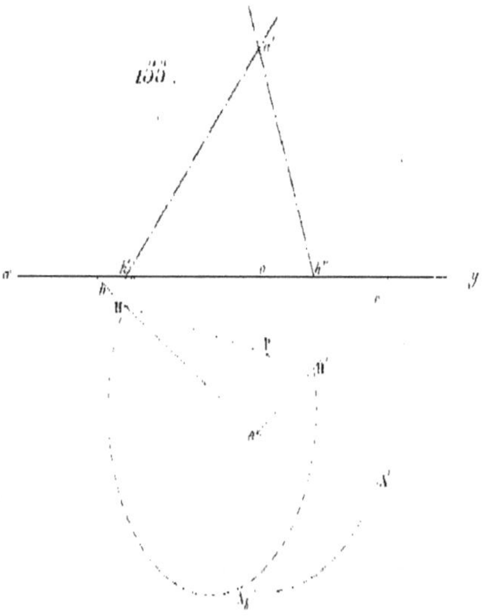

136.

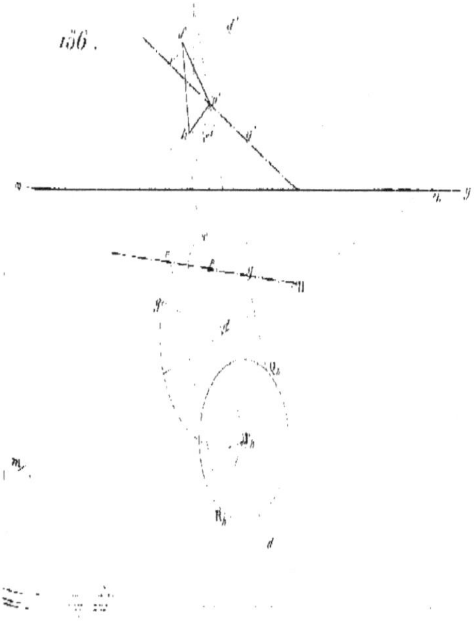

134 bis.

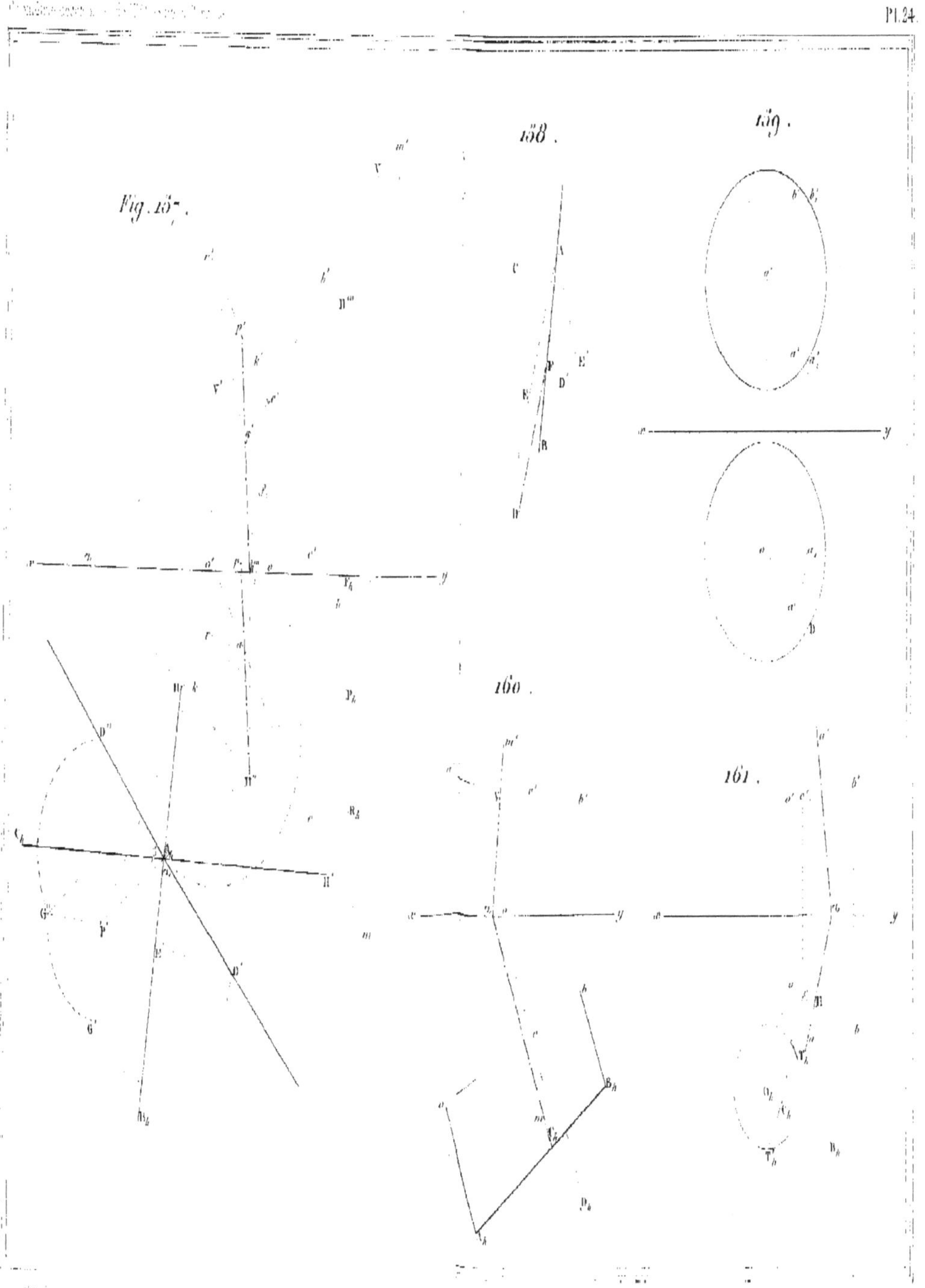
Fig. 157.
158.
159.
160.
161.

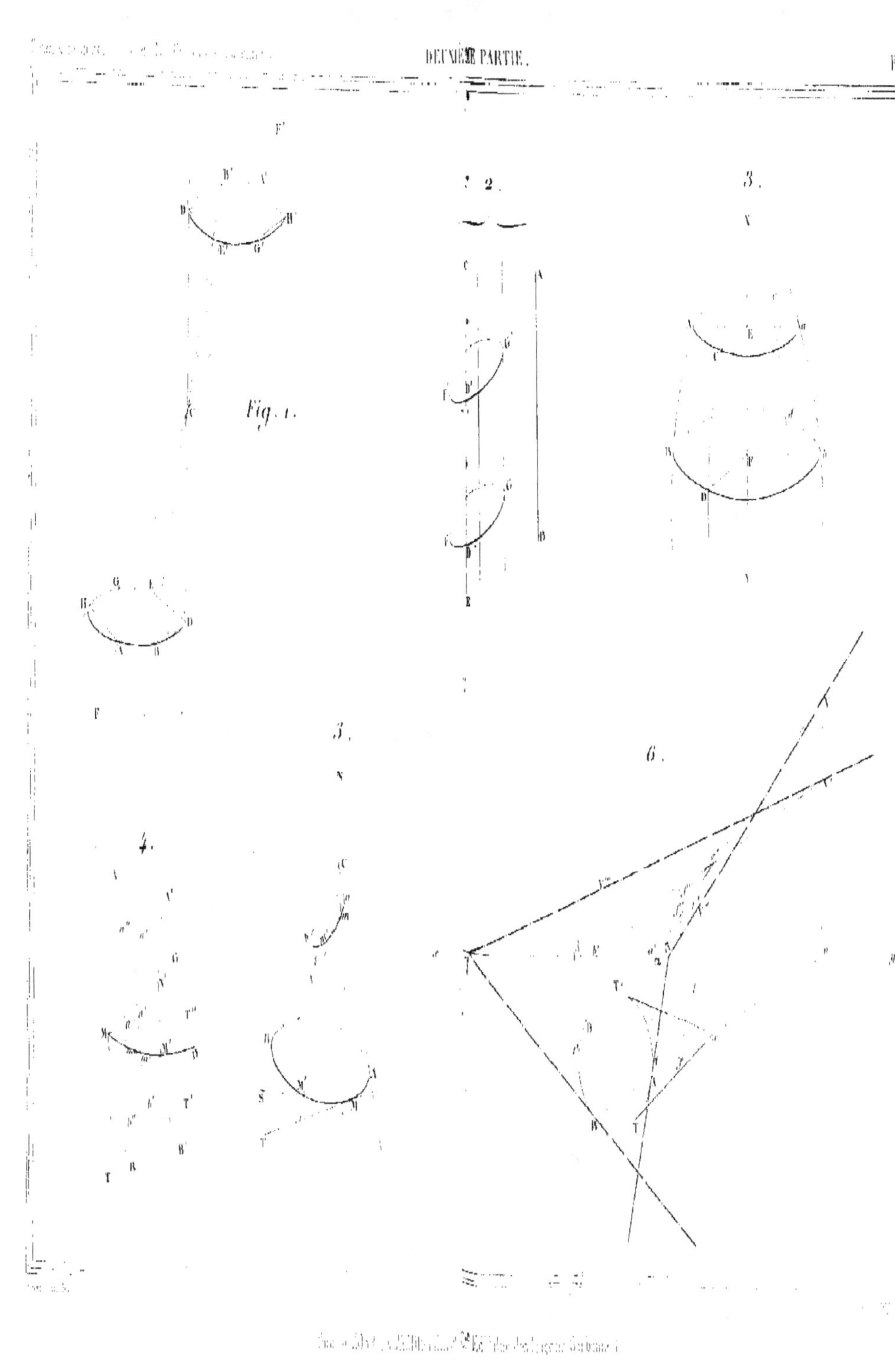
Fig. 1.
2.
3.
4.
5.
6.

Fig. 7.

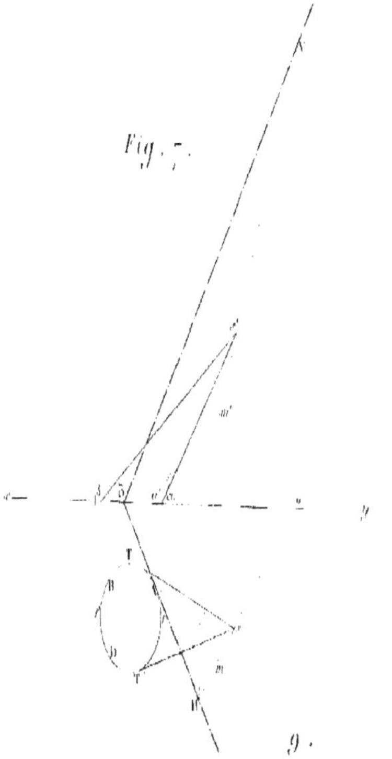

8.

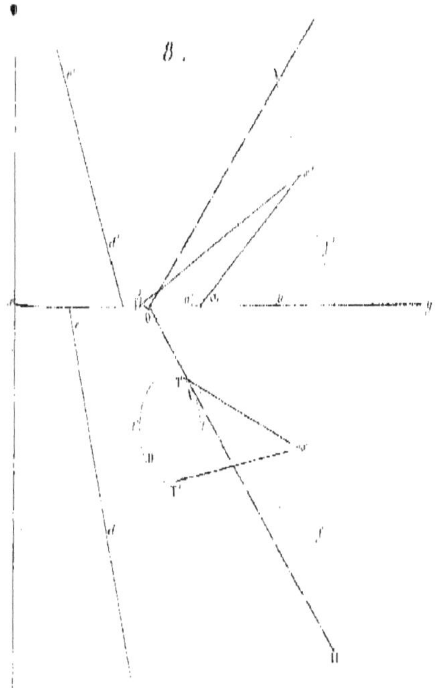

9.

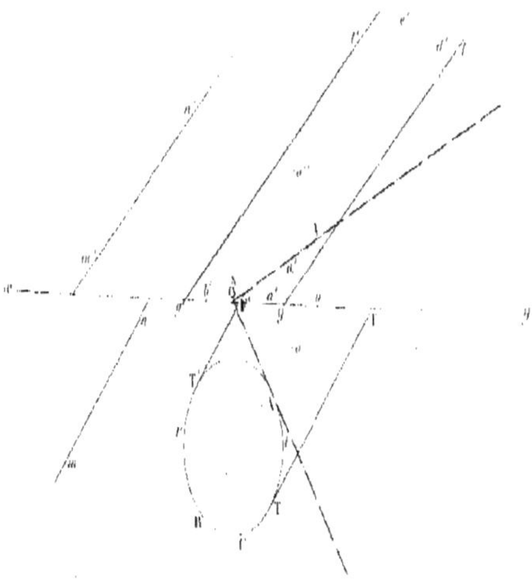

10.

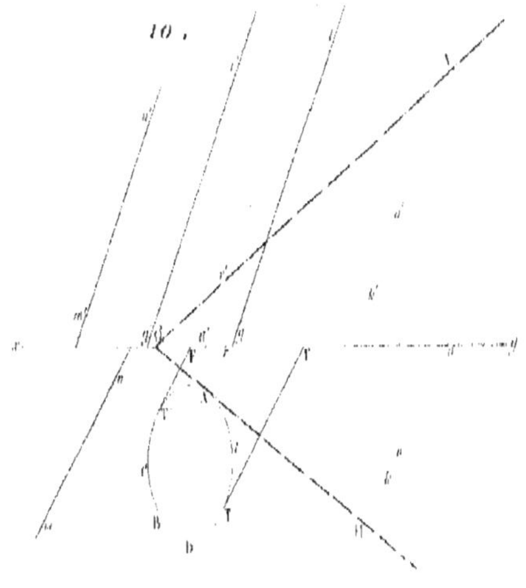

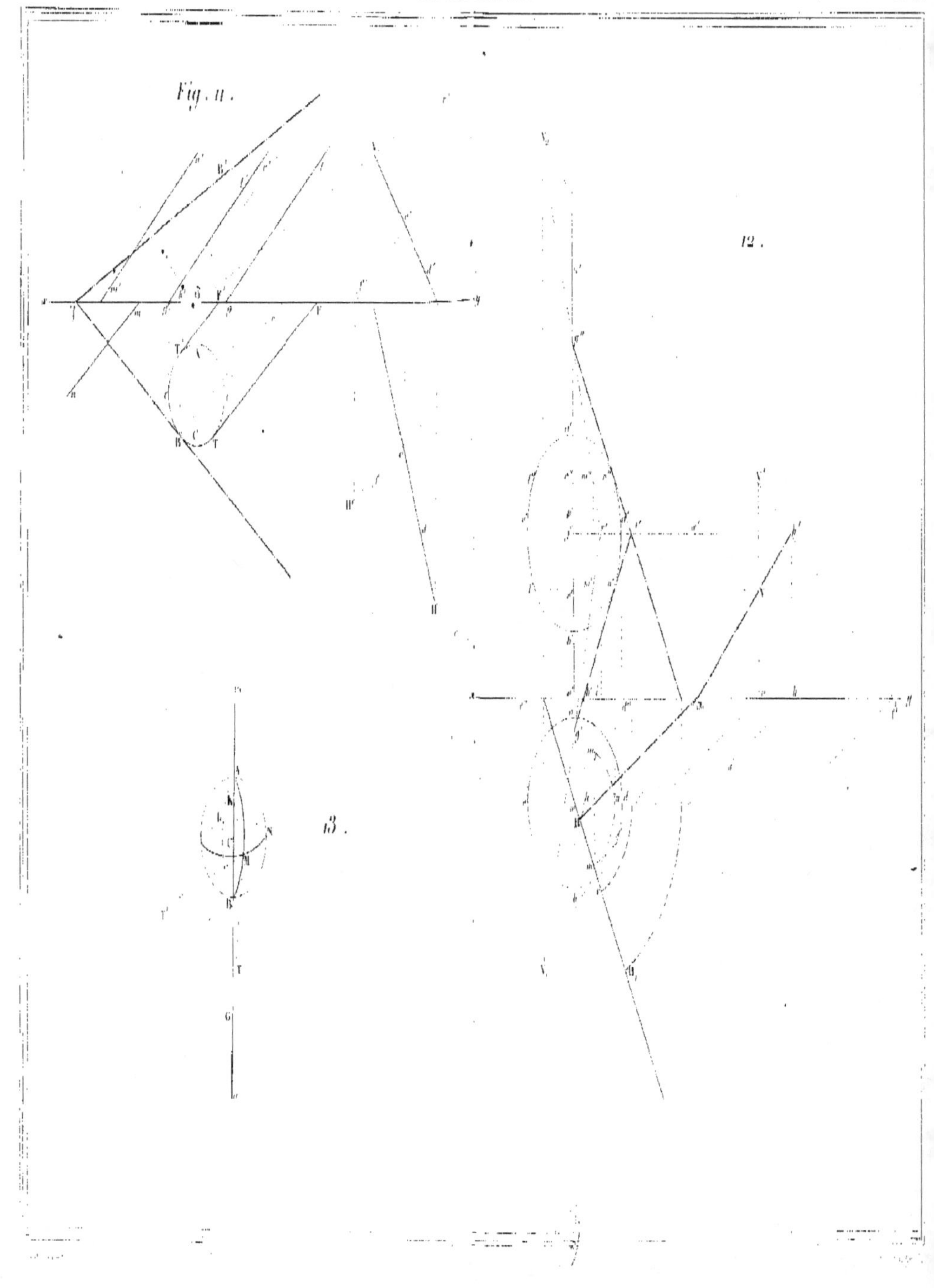
Fig. 11.
12.
13.

Fig. 14.

15.

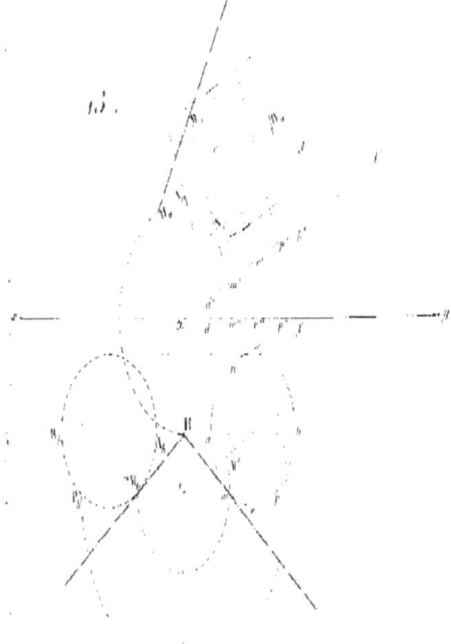

16.

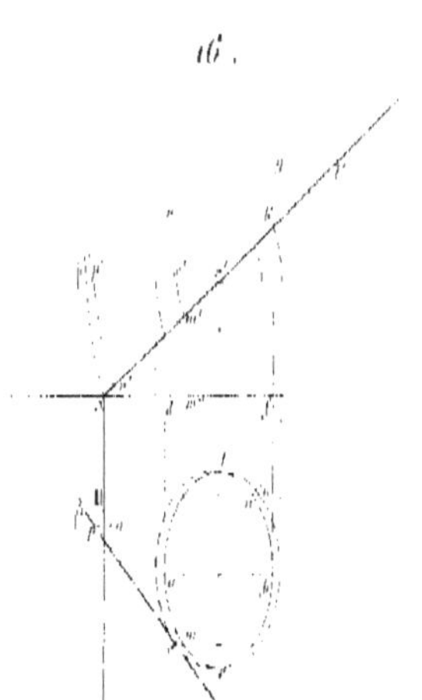

17.

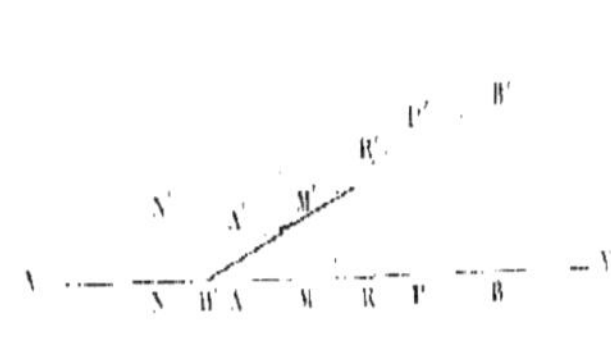

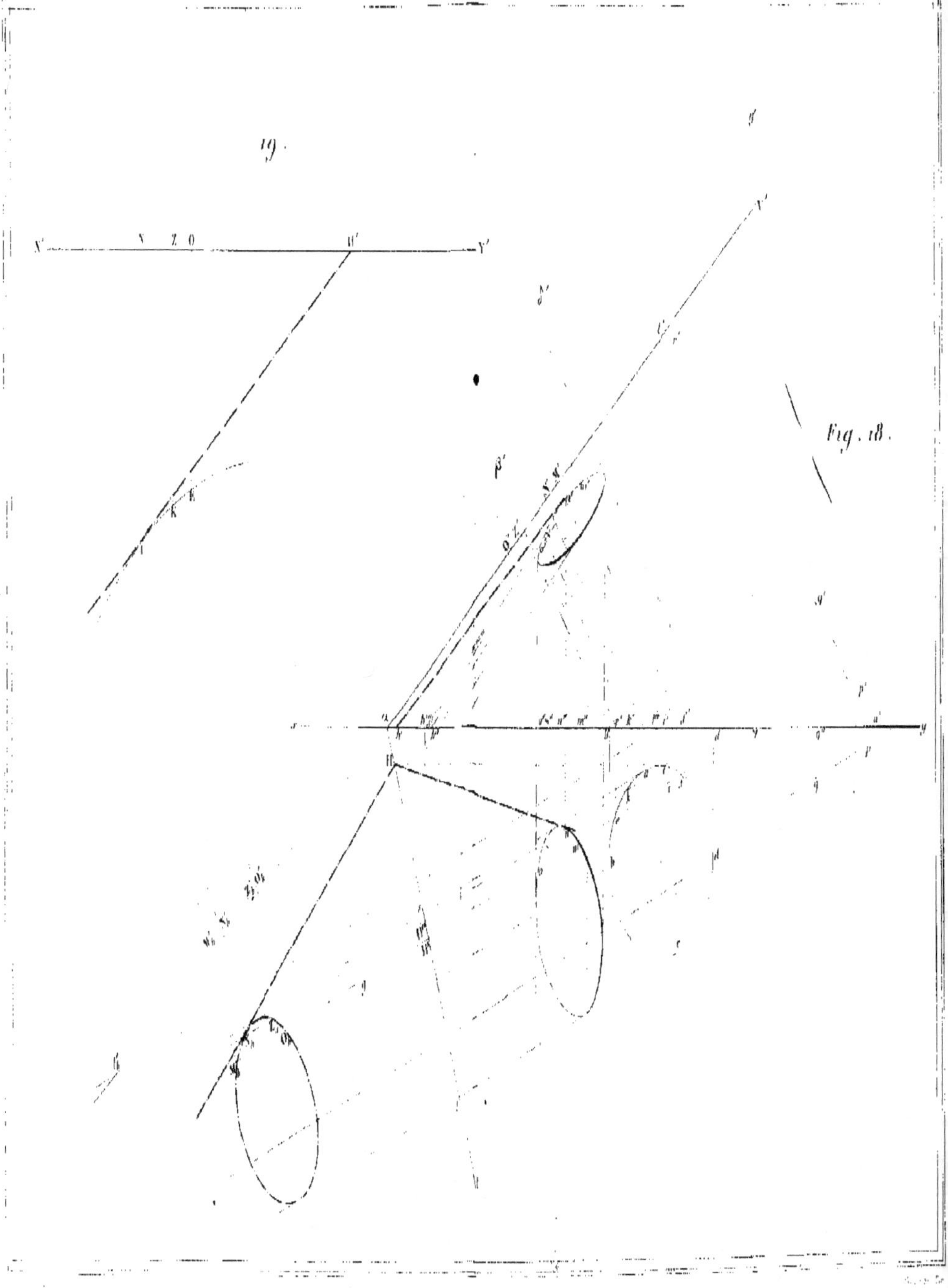

19.

Fig. 18.

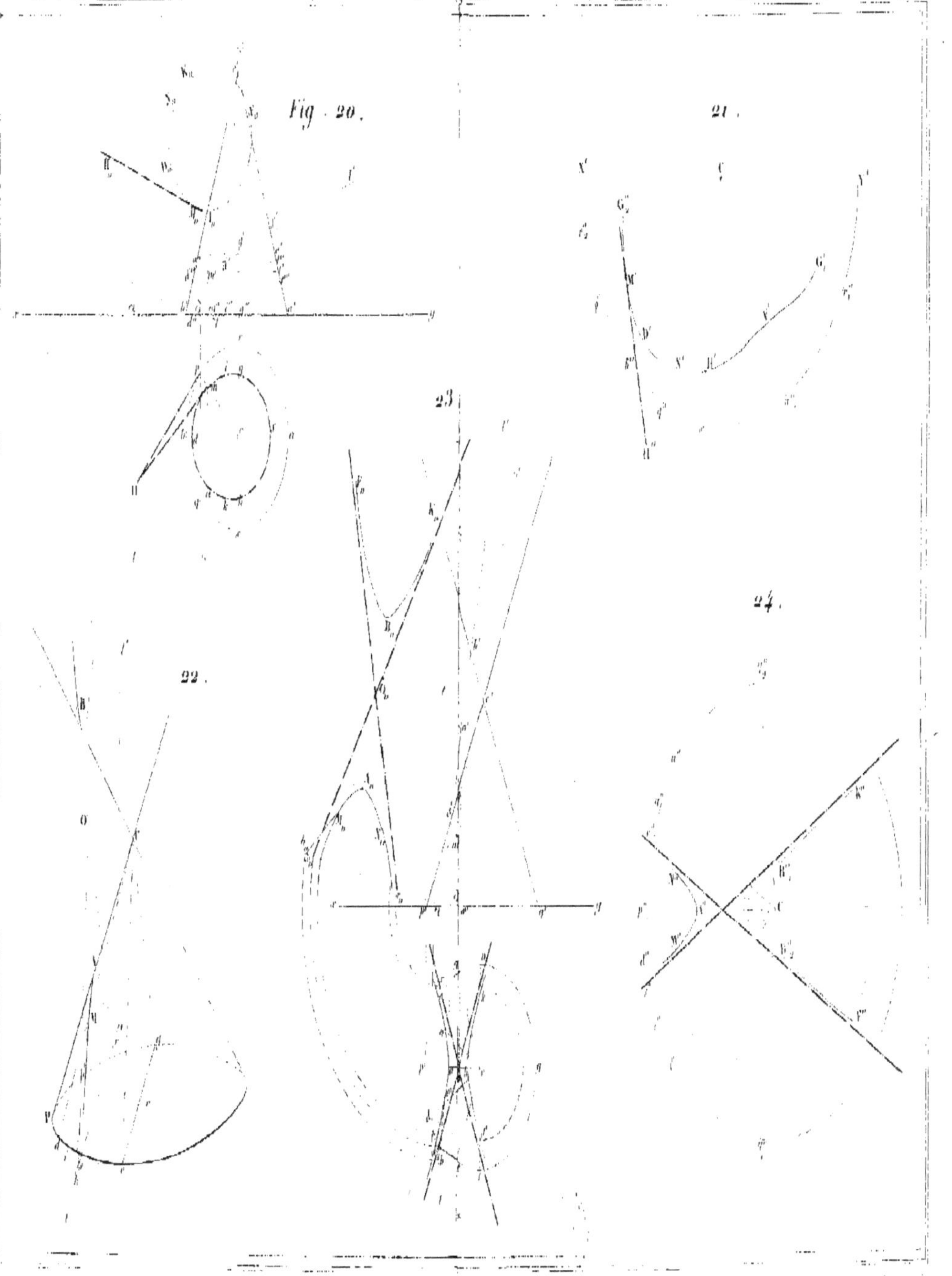

Fig. 20.
21.
22.
23.
24.

Fig. 25.

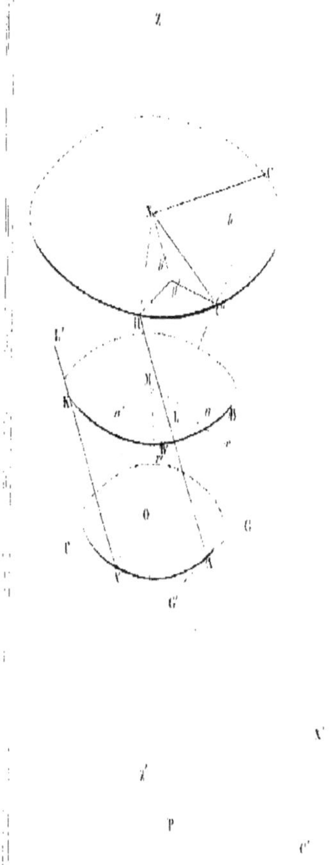

26.

27.

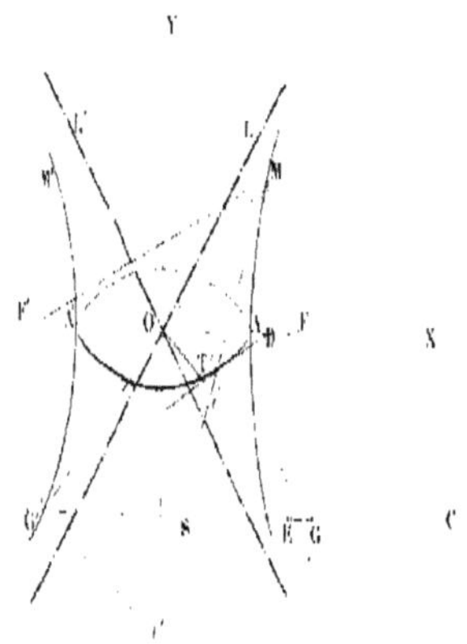

28.

Fig. 29.

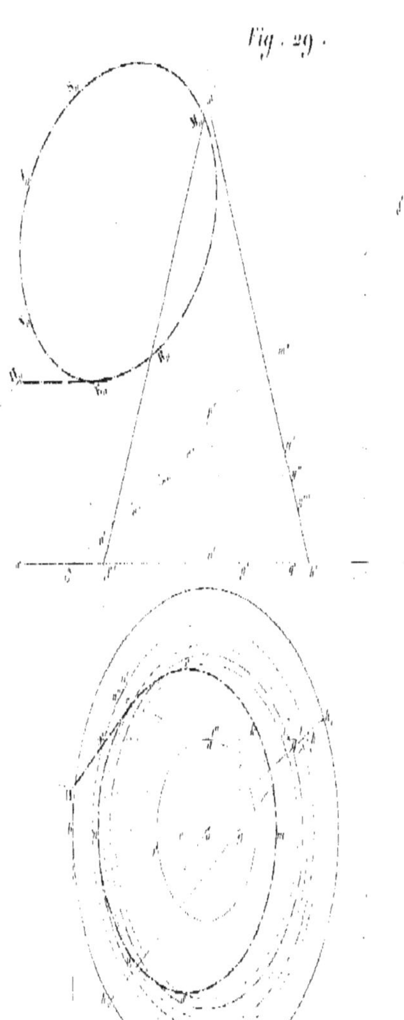

30.

Fig. 31.

32.

Fig. 33.

Fig. 36.

Fig. 35.

Fig. 37.

Fig. 38.

39.

40.

41.